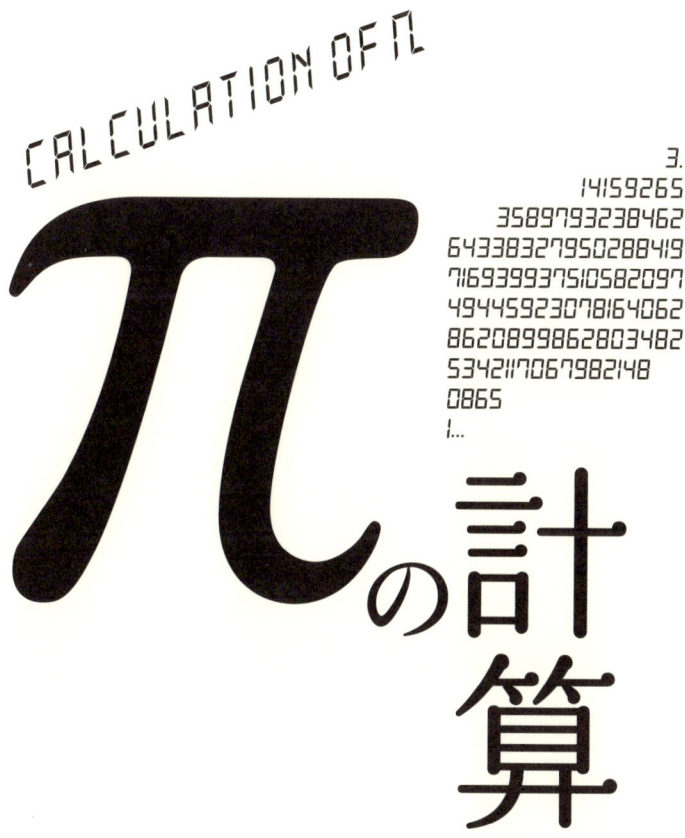

CALCULATION OF π

πの計算

───【著】───
木田 外明

共立出版

まえがき

　小学校の算数の教科書には，円周率 π の値は 3.14 として出てくる．しかし，この π の値をどのようにして導出してきたかは，大学を卒業してもよくわからない．最近，円周率 π についての書物が出版されてきてはいるが，難しく書かれており理解しにくい．また，歴史的な流れの観点から書かれているものが多く，導出過程を直接知りたい多くの読者の要求に答えてくれるものは少ない．

　そこで，大学初級程度の能力で理解できる教科書並みの書物が必要と考え，書くことにした．

　なお，円周率 π の値を求めるには π を含んだ式から求める方法が一般的である．この方法からは，無限級数を含んだものが多く出てくる．また，無限級数の適用から，ネピアの数や平方根の近似値も計算できることからこの項も追加した．

　本書が高校生，大学生，さらに興味ある社会人に役立つことを願っている．

2013 年 10 月

著者

目　次

1　円周率 π を求めよう　　1

1.1　円周率 $\pi = 3.14159\cdots$ を求めよう　1
　　1.1.1　逆関数 $\sin^{-1} x$ を利用した場合　2
　　1.1.2　逆関数 $\tan^{-1} x$ を利用した場合　8
　　1.1.3　π の公式　11
　　1.1.4　ツェータ関数　17
　　1.1.5　BBP の公式　21
1.2　図形から円周率 π を求めよう　25
　　1.2.1　直線上に円を転がす方法　25
　　1.2.2　三角関数の式から π を求める方法　26
　　1.2.3　アルキメデスの方法　31
　　1.2.4　ビュフォンの針　35

2　π を導出するために必要な微分　　39

2.1　数列と級数　39
　　2.1.1　数列と数列の極限値　39
　　2.1.2　無限級数　40

2.1.3　無限等比級数　41
　2.2　導関数　44
　　　2.2.1　導関数　44
　　　2.2.2　度数法と弧度法　45
　　　2.2.3　三角関数の導関数　47
　　　2.2.4　対数関数の導関数　50
　　　2.2.5　逆関数の微分法　54
　2.3　マクローリン展開　58
　　　2.3.1　n の階乗 $n!$　58
　　　2.3.2　マクローリン展開　59
　　　2.3.3　基本的な関数のマクローリン展開　61

3　π を導出するために必要な積分　67

　3.1　積分の基本公式　67
　3.2　三角関数や指数関数の不定積分　68
　3.3　逆関数の不定積分　69
　3.4　逆関数とべき級数の積分　70

4　近次式と近似値　73

　4.1　関数 $f(x) = \sqrt{1+x}$　73
　4.2　関数 $f(x) = e^x$　74
　4.3　関数 $f(x) = \sin x$　76
　4.4　関数 $f(x) = \cos x$　77
　4.5　平方根の求め方　78

解答 85
付録 94
索引 97

1 円周率 π を求めよう

図形には，三角形や四角形のような直線から形作られるもの，あるいは円のような曲線から形作られるものの2種類がある．

直線から形作られるものは定規を用いて所定の長さに引くことができたり，また逆にできた図形の長さを測定することができる．

しかし，円のような曲線から形作られるものは定規を用いて所定の長さに引くことやできた図形の長さを測定することができない．それゆえ，円の場合，できた図形の長さ，面積，球の体積などを求めるための研究が古くからなされてきた．ここから，円周率 $\pi \left(= \dfrac{\text{円周の長さ}}{\text{円の直径}} \right)$ の必要性が出てきた．なお，すべての円は相似なのでこの比は同じ値になる．

1.1 円周率 $\pi = 3.14159265358979323846264338327\cdots$ を求めよう

この円周率 π は，円周率 π が現れる式から導出する方法が一般的である．

2.2.2項に出てくる度数法と弧度法の関係から，まず，角度と円周率 π との関係が得られ，さらにそのページに示した特別な角度の直角三角形（内角が 30°，60°，90° と内角が 45°，45°，90°）から，例えば，

$\sin 30° = \sin\dfrac{\pi}{6} = \dfrac{1}{2}$, $\tan 45° = \tan\dfrac{\pi}{4} = 1$ が出てくる．これらの式の逆値をとると，$\pi = 6\sin^{-1}\dfrac{1}{2}$ や $\pi = 4\tan^{-1}1$ が得られ，右辺を計算すれば，π が求められるのである．

早速，円周率 π の値の求め方を知りたい読者のために 3.4 節で導出された式から π の値を求めていくことにしよう．

1.1.1 逆関数 $\sin^{-1} x$ を利用した場合

p.70，公式 (3.2) で示された，逆関数とべき級数との関係式を以下に示す．ここで，公式 (3.2) を (a) 式とおくことにする．

$$\sin^{-1} x = x + \dfrac{1}{2\cdot 3}x^3 + \dfrac{1\cdot 3}{2^2\cdot 2!\cdot 5}x^5 + \dfrac{1\cdot 3\cdot 5}{2^3\cdot 3!\cdot 7}x^7 + \dfrac{1\cdot 3\cdot 5\cdot 7}{2^4\cdot 4!\cdot 9}x^9 +$$
$$\dfrac{1\cdot 3\cdot 5\cdot 7\cdot 9}{2^5\cdot 5!\cdot 11}x^{11} + \dfrac{1\cdot 3\cdot 5\cdot 7\cdot 9\cdot 11}{2^6\cdot 6!\cdot 13}x^{13} + \cdots$$

$$\sin^{-1} x = x + \dfrac{1}{6}x^3 + \dfrac{3}{40}x^5 + \dfrac{5}{112}x^7 + \dfrac{35}{1152}x^9 + \dfrac{63}{2816}x^{11} +$$
$$\dfrac{231}{13312}x^{13} + \cdots \tag{a}$$

$x = \dfrac{1}{2}\left(\sin\dfrac{\pi}{6} = \dfrac{1}{2}\right)$ の場合，すなわち $\pi = 6\sin^{-1}\dfrac{1}{2}$ の場合の π の値を例 1.1 で求めてみよう．

> **例 1.1**
> (a) 式の右辺第 6 項までで,第 1 項,第 2 項までの和,第 3 項までの和,…から π を求めよ.

【解答】

		π の値
右辺第 1 項まで	$6\left(\dfrac{1}{2}\right)$	3
右辺第 2 項まで	$6\left[\left(\dfrac{1}{2}\right) + \dfrac{1}{6}\left(\dfrac{1}{2}\right)^3\right]$	3.124999998
右辺第 3 項まで	$6\left[\left(\dfrac{1}{2}\right) + \dfrac{1}{6}\left(\dfrac{1}{2}\right)^3 + \dfrac{3}{40}\left(\dfrac{1}{2}\right)^5\right]$	3.139062498
右辺第 4 項まで	$6\left[\left(\dfrac{1}{2}\right) + \dfrac{1}{6}\left(\dfrac{1}{2}\right)^3 + \dfrac{3}{40}\left(\dfrac{1}{2}\right)^5 + \dfrac{5}{112}\left(\dfrac{1}{2}\right)^7\right]$	3.14115513
右辺第 5 項まで	$6\left[\left(\dfrac{1}{2}\right) + \dfrac{1}{6}\left(\dfrac{1}{2}\right)^3 + \dfrac{3}{40}\left(\dfrac{1}{2}\right)^5 + \dfrac{5}{112}\left(\dfrac{1}{2}\right)^7 + \dfrac{35}{1152}\left(\dfrac{1}{2}\right)^9\right]$	3.141511168
右辺第 6 項まで	$6\left[\left(\dfrac{1}{2}\right) + \dfrac{1}{6}\left(\dfrac{1}{2}\right)^3 + \dfrac{3}{40}\left(\dfrac{1}{2}\right)^5 + \dfrac{5}{112}\left(\dfrac{1}{2}\right)^7 + \dfrac{35}{1152}\left(\dfrac{1}{2}\right)^9 + \dfrac{63}{2816}\left(\dfrac{1}{2}\right)^{11}\right]$	3.141576711

右辺の項数が増えていくにつれて,真値に近づいていくことがわかる.

（ⅰ）(a)式の右辺第7項までを用いて，πの値を求めてみよう．

$$\pi = 6\left[\frac{1}{2} + \frac{1}{6}\left(\frac{1}{2}\right)^3 + \frac{3}{40}\left(\frac{1}{2}\right)^5 + \frac{5}{112}\left(\frac{1}{2}\right)^7 + \frac{35}{1152}\left(\frac{1}{2}\right)^9 + \frac{63}{2816}\left(\frac{1}{2}\right)^{11} + \frac{231}{13312}\left(\frac{1}{2}\right)^{13}\right]$$

$$= 3.141589423$$

この値は，小数点以下4ケタまで一致する．

（ⅱ）$\sin\frac{\pi}{4} = \frac{1}{\sqrt{2}}$から，$\pi$の値を求めてみよう．ただし，(a)式の右辺第7項までの和とする．

$\sin^{-1}\frac{1}{\sqrt{2}} = \frac{\pi}{4}$より，$\pi = 4\sin^{-1}\frac{1}{\sqrt{2}}$．(a)式に$x = \frac{1}{\sqrt{2}}$を代入すると，

$$\pi = 4\left[\frac{1}{\sqrt{2}} + \frac{1}{6}\left(\frac{1}{\sqrt{2}}\right)^3 + \frac{3}{40}\left(\frac{1}{\sqrt{2}}\right)^5 + \frac{5}{112}\left(\frac{1}{\sqrt{2}}\right)^7 + \frac{35}{1152}\left(\frac{1}{\sqrt{2}}\right)^9 + \frac{63}{2816}\left(\frac{1}{\sqrt{2}}\right)^{11} + \frac{231}{13312}\left(\frac{1}{\sqrt{2}}\right)^{13}\right]$$

$$= 2\sqrt{2}\left[1 + \frac{1}{12} + \frac{3}{160} + \frac{5}{896} + \frac{35}{18432} + \frac{63}{90112} + \frac{231}{851968}\right]$$

$$= 3.141061167$$

ここで，$\sqrt{2} = 1.414213562$を利用した．

この値は，小数点以下3ケタまで一致する．

(iii) $\sin\dfrac{\pi}{3}=\dfrac{\sqrt{3}}{2}$ から，π の値を求めてみよう．ただし，(a) 式の右辺第 7 項までの和とする．

$\sin^{-1}\dfrac{\sqrt{3}}{2}=\dfrac{\pi}{3}$ より，$\pi=3\sin^{-1}\dfrac{\sqrt{3}}{2}$．(a) 式に $x=\dfrac{\sqrt{3}}{2}$ を代入すると，

$$\pi = 3\left[\dfrac{\sqrt{3}}{2} + \dfrac{1}{6}\left(\dfrac{\sqrt{3}}{2}\right)^3 + \dfrac{3}{40}\left(\dfrac{\sqrt{3}}{2}\right)^5 + \dfrac{5}{112}\left(\dfrac{\sqrt{3}}{2}\right)^7 + \dfrac{35}{1152}\left(\dfrac{\sqrt{3}}{2}\right)^9 + \dfrac{63}{2816}\left(\dfrac{\sqrt{3}}{2}\right)^{11} + \dfrac{231}{13312}\left(\dfrac{\sqrt{3}}{2}\right)^{13}\right]$$

$$= 3\sqrt{3}\left[\dfrac{1}{2} + \dfrac{1}{16} + \dfrac{27}{1280} + \dfrac{135}{14336} + \dfrac{2835}{589824} + \dfrac{15309}{5767168} + \dfrac{168399}{109051904}\right]$$

$$= 3.128166054$$

ここで，$\sqrt{3}=1.732050807$ を利用した．

この値は，少数点以下 1 ケタまで一致する．

これらより，x の値が 1 に近づくにつれて精度が悪くなることがわかる．

以上より，（ⅰ）の場合の $x=\dfrac{1}{2}$ より小さい値 $\left(x=\dfrac{\sqrt{6}-\sqrt{2}}{4}=0.2588\cdots\right)$ で π の値を求めることにしよう．

三角関数の加法定理 $\sin(\alpha-\beta)=\sin\alpha\cos\beta-\cos\alpha\sin\beta$ で，$\alpha=\dfrac{\pi}{4}$，$\beta=\dfrac{\pi}{6}$ とすると，$\sin\dfrac{\pi}{12}=\dfrac{\sqrt{6}-\sqrt{2}}{4}$．これより，$\pi=12\sin^{-1}x$，$x=\dfrac{\sqrt{6}-\sqrt{2}}{4}$ であるから，この場合の π の値を例 1.2 で求めてみよう．

例 1.2

(a) 式の右辺第 7 項までで，第 1 項，第 2 項までの和，…から π を求めよ．

【解答】

		π の値
右辺第 1 項まで	$12\left(\dfrac{\sqrt{6}-\sqrt{2}}{4}\right)$	3.10582854
右辺第 2 項まで	$12\left[\left(\dfrac{\sqrt{6}-\sqrt{2}}{4}\right)+\dfrac{1}{6}\left(\dfrac{\sqrt{6}-\sqrt{2}}{4}\right)^3\right]$	3.140503716
右辺第 3 項まで	$12\left[\left(\dfrac{\sqrt{6}-\sqrt{2}}{4}\right)+\dfrac{1}{6}\left(\dfrac{\sqrt{6}-\sqrt{2}}{4}\right)^3 \right.$ $\left. +\dfrac{3}{40}\left(\dfrac{\sqrt{6}-\sqrt{2}}{4}\right)^5\right]$	3.141548974
右辺第 4 項まで	$12\left[\left(\dfrac{\sqrt{6}-\sqrt{2}}{4}\right)+\dfrac{1}{6}\left(\dfrac{\sqrt{6}-\sqrt{2}}{4}\right)^3+\dfrac{3}{40}\left(\dfrac{\sqrt{6}-\sqrt{2}}{4}\right)^5 \right.$ $\left. +\dfrac{5}{112}\left(\dfrac{\sqrt{6}-\sqrt{2}}{4}\right)^7\right]$	3.141590651
右辺第 5 項まで	$12\left[\left(\dfrac{\sqrt{6}-\sqrt{2}}{4}\right)+\dfrac{1}{6}\left(\dfrac{\sqrt{6}-\sqrt{2}}{4}\right)^3+\dfrac{3}{40}\left(\dfrac{\sqrt{6}-\sqrt{2}}{4}\right)^5 \right.$ $\left. +\dfrac{5}{112}\left(\dfrac{\sqrt{6}-\sqrt{2}}{4}\right)^7+\dfrac{35}{1152}\left(\dfrac{\sqrt{6}-\sqrt{2}}{4}\right)^9\right]$	3.14159255
右辺第 6 項まで	$12\left[\left(\dfrac{\sqrt{6}-\sqrt{2}}{4}\right)+\dfrac{1}{6}\left(\dfrac{\sqrt{6}-\sqrt{2}}{4}\right)^3+\dfrac{3}{40}\left(\dfrac{\sqrt{6}-\sqrt{2}}{4}\right)^5 \right.$ $+\dfrac{5}{112}\left(\dfrac{\sqrt{6}-\sqrt{2}}{4}\right)^7+\dfrac{35}{1152}\left(\dfrac{\sqrt{6}-\sqrt{2}}{4}\right)^9$ $\left. +\dfrac{63}{2816}\left(\dfrac{\sqrt{6}-\sqrt{2}}{4}\right)^{11}\right]$	3.141592643

右辺第7項まで	$12\Big[\Big(\dfrac{\sqrt{6}-\sqrt{2}}{4}\Big)+\dfrac{1}{6}\Big(\dfrac{\sqrt{6}-\sqrt{2}}{4}\Big)^3+\dfrac{3}{40}\Big(\dfrac{\sqrt{6}-\sqrt{2}}{4}\Big)^5$ $+\dfrac{5}{112}\Big(\dfrac{\sqrt{6}-\sqrt{2}}{4}\Big)^7+\dfrac{35}{1152}\Big(\dfrac{\sqrt{6}-\sqrt{2}}{4}\Big)^9$ $+\dfrac{63}{2816}\Big(\dfrac{\sqrt{6}-\sqrt{2}}{4}\Big)^{11}+\dfrac{231}{13312}\Big(\dfrac{\sqrt{6}-\sqrt{2}}{4}\Big)^{13}\Big]$	3.141592647

右辺第6項までで,小数点以下7ケタまで一致しており,精度と収束がよくなることがわかる.

1.1.2 逆関数 $\tan^{-1} x$ を利用した場合

p.71，公式 (3.3) で示された，逆関数とべき級数との関係式を以下に示す．ここで，公式 (3.3) を (b) 式とおくことにする．

$$\tan^{-1} x = x - \frac{1}{3}x^3 + \frac{1}{5}x^5 - \frac{1}{7}x^7 + \frac{1}{9}x^9 - \frac{1}{11}x^{11} + \frac{1}{13}x^{13} - \cdots$$

$$(-1 < x \leq 1) \tag{b}$$

(b) 式の右辺第 7 項までを用いて，π の値を求めてみよう．

例 1.3

$\tan \frac{\pi}{6} = \frac{1}{\sqrt{3}}$．変形して，$\frac{\pi}{6} = \tan^{-1} \frac{1}{\sqrt{3}}$ より，$\pi = 6\tan^{-1} \frac{1}{\sqrt{3}}$．

(b) 式に，$x = \frac{1}{\sqrt{3}}$ を代入して，例 1.1 のように右辺第 7 項までの和から π の値を求めてみよう．

【解答】

		π の値
右辺第 1 項まで	$6\left(\frac{1}{\sqrt{3}}\right)$	3.464101615
右辺第 2 項まで	$6\left[\left(\frac{1}{\sqrt{3}}\right) - \frac{1}{3}\left(\frac{1}{\sqrt{3}}\right)^3\right]$	3.079201436
右辺第 3 項まで	$6\left[\left(\frac{1}{\sqrt{3}}\right) - \frac{1}{3}\left(\frac{1}{\sqrt{3}}\right)^3 + \frac{1}{5}\left(\frac{1}{\sqrt{3}}\right)^5\right]$	3.156181472
右辺第 4 項まで	$6\left[\left(\frac{1}{\sqrt{3}}\right) - \frac{1}{3}\left(\frac{1}{\sqrt{3}}\right)^3 + \frac{1}{5}\left(\frac{1}{\sqrt{3}}\right)^5 - \frac{1}{7}\left(\frac{1}{\sqrt{3}}\right)^7\right]$	3.137852892
右辺第 5 項まで	$6\left[\left(\frac{1}{\sqrt{3}}\right) - \frac{1}{3}\left(\frac{1}{\sqrt{3}}\right)^3 + \frac{1}{5}\left(\frac{1}{\sqrt{3}}\right)^5 - \frac{1}{7}\left(\frac{1}{\sqrt{3}}\right)^7 + \frac{1}{9}\left(\frac{1}{\sqrt{3}}\right)^9\right]$	3.142604746

右辺第6項まで	$6\left[\left(\dfrac{1}{\sqrt{3}}\right)-\dfrac{1}{3}\left(\dfrac{1}{\sqrt{3}}\right)^3+\dfrac{1}{5}\left(\dfrac{1}{\sqrt{3}}\right)^5-\dfrac{1}{7}\left(\dfrac{1}{\sqrt{3}}\right)^7\right.$ $\left.+\dfrac{1}{9}\left(\dfrac{1}{\sqrt{3}}\right)^9-\dfrac{1}{11}\left(\dfrac{1}{\sqrt{3}}\right)^{11}\right]$	3.141308785
右辺第7項まで	$6\left[\left(\dfrac{1}{\sqrt{3}}\right)-\dfrac{1}{3}\left(\dfrac{1}{\sqrt{3}}\right)^3+\dfrac{1}{5}\left(\dfrac{1}{\sqrt{3}}\right)^5-\dfrac{1}{7}\left(\dfrac{1}{\sqrt{3}}\right)^7\right.$ $\left.+\dfrac{1}{9}\left(\dfrac{1}{\sqrt{3}}\right)^9-\dfrac{1}{11}\left(\dfrac{1}{\sqrt{3}}\right)^{11}+\dfrac{1}{13}\left(\dfrac{1}{\sqrt{3}}\right)^{13}\right]$	3.141674313

この値は,少数点以下3ケタまで一致する.

(iv) $\tan\dfrac{\pi}{4}=1$ から,π の値を求めてみよう.

$\tan^{-1}1=\dfrac{\pi}{4}$ より,$\pi=4\tan^{-1}1$.(b)式に,$x=1$ を代入して,右辺第7項までの和で π を求めてみよう.

$$\pi=4\left[1-\dfrac{1}{3}+\dfrac{1}{5}-\dfrac{1}{7}+\dfrac{1}{9}-\dfrac{1}{11}+\dfrac{1}{13}\right]$$
$$=3.283738488$$

計算は簡単であるが,この値は整数値しか一致していない.

以上より,$x=\dfrac{1}{\sqrt{3}}$ より小さい値 ($x=2-\sqrt{3}=0.2679\cdots$) で,$\pi$ の値を求めてみよう.加法定理,$\tan(\alpha-\beta)=\dfrac{\tan\alpha-\tan\beta}{1+\tan\alpha\tan\beta}$ で,$\alpha=\dfrac{\pi}{3}$,$\beta=\dfrac{\pi}{4}$ とすると $\tan\dfrac{\pi}{12}=\tan\left(\dfrac{\pi}{3}-\dfrac{\pi}{4}\right)=\dfrac{\tan\dfrac{\pi}{3}-\tan\dfrac{\pi}{4}}{1+\tan\dfrac{\pi}{3}\tan\dfrac{\pi}{4}}=2-\sqrt{3}$.逆値をとれば,$\pi=12\tan^{-1}(2-\sqrt{3})$ であるから,(b)式を用いて,例1.4で π の値を求めてみよう.

例 1.4

(b) 式の右辺第 7 項までで，第 1 項，第 2 項までの和，… から π を求めよ．

【解答】

		π の値
右辺第 1 項まで	$12[(2-\sqrt{3})]$	3.215390316
右辺第 2 項まで	$12\left[(2-\sqrt{3})-\dfrac{1}{3}(2-\sqrt{3})^3\right]$	3.138438776
右辺第 3 項まで	$12\left[(2-\sqrt{3})-\dfrac{1}{3}(2-\sqrt{3})^3+\dfrac{1}{5}(2-\sqrt{3})^5\right]$	3.141753699
右辺第 4 項まで	$12\left[(2-\sqrt{3})-\dfrac{1}{3}(2-\sqrt{3})^3+\dfrac{1}{5}(2-\sqrt{3})^5-\dfrac{1}{7}(2-\sqrt{3})^7\right]$	3.141583701
右辺第 5 項まで	$12\left[(2-\sqrt{3})-\dfrac{1}{3}(2-\sqrt{3})^3+\dfrac{1}{5}(2-\sqrt{3})^5-\dfrac{1}{7}(2-\sqrt{3})^7+\dfrac{1}{9}(2-\sqrt{3})^9\right]$	3.141593193
右辺第 6 項まで	$12\left[(2-\sqrt{3})-\dfrac{1}{3}(2-\sqrt{3})^3+\dfrac{1}{5}(2-\sqrt{3})^5-\dfrac{1}{7}(2-\sqrt{3})^7+\dfrac{1}{9}(2-\sqrt{3})^9-\dfrac{1}{11}(2-\sqrt{3})^{11}\right]$	3.141592636
右辺第 7 項まで	$12\left[(2-\sqrt{3})-\dfrac{1}{3}(2-\sqrt{3})^3+\dfrac{1}{5}(2-\sqrt{3})^5-\dfrac{1}{7}(2-\sqrt{3})^7+\dfrac{1}{9}(2-\sqrt{3})^9-\dfrac{1}{11}(2-\sqrt{3})^{11}+\dfrac{1}{13}(2-\sqrt{3})^{13}\right]$	3.141592669

右辺第 6 項までで，小数点以下 7 ケタまで一致している．

なお，この例 1.4 は，例 1.2 と同等に一致している．

1.1.3 πの公式

以上から，逆関数 $\sin^{-1} x$ や $\tan^{-1} x$ をそのまま使用しても収束が悪く，精度が良くない．それゆえ，級数の収束や精度を良くするために古くから研究され，いろいろな公式が提案されてきている．これらの公式は，$\tan^{-1} x$ を利用し，それを組み合わせたものが大部分である．代表的な公式を以下に示す．

(ⅴ) マチンの公式

イギリスの天文学者ジョン・マチンが 1706 年に，効率が良く，精度を良くしたマチンの公式を示した．マチンの公式は次式である．

$$\frac{\pi}{4} = 4\tan^{-1}\frac{1}{5} - \tan^{-1}\frac{1}{239}$$

この公式を (b) 式に適用する．$\pi = 16\left[\tan^{-1}\dfrac{1}{5}\right] - 4\left[\tan^{-1}\dfrac{1}{239}\right]$ より，右辺第 1 項の x に $x = \dfrac{1}{5}$ を，第 2 項の x に $x = \dfrac{1}{239}$ を代入して第 6 項までの和を例 1.5 で計算する．

> **例1.5**
> 例1.1のように,右辺第6項までで,第1項,第2項までの和,…から π の値を求めよ.

【解答】

		π の値
右辺第1項まで	$16\left[\dfrac{1}{5}\right]-4\left[\dfrac{1}{239}\right]$	3.183263599
右辺第2項まで	$16\left[\dfrac{1}{5}-\dfrac{1}{3\cdot 5^3}\right]-4\left[\dfrac{1}{239}-\dfrac{1}{3\cdot 239^3}\right]$	3.140597030
右辺第3項まで	$16\left[\dfrac{1}{5}-\dfrac{1}{3\cdot 5^3}+\dfrac{1}{5\cdot 5^5}\right]$ $-4\left[\dfrac{1}{239}-\dfrac{1}{3\cdot 239^3}+\dfrac{1}{5\cdot 239^5}\right]$	3.141621030
右辺第4項まで	$16\left[\dfrac{1}{5}-\dfrac{1}{3\cdot 5^3}+\dfrac{1}{5\cdot 5^5}-\dfrac{1}{7\cdot 5^7}\right]$ $-4\left[\dfrac{1}{239}-\dfrac{1}{3\cdot 239^3}+\dfrac{1}{5\cdot 239^5}-\dfrac{1}{7\cdot 239^7}\right]$	3.141591773
右辺第5項まで	$16\left[\dfrac{1}{5}-\dfrac{1}{3\cdot 5^3}+\dfrac{1}{5\cdot 5^5}-\dfrac{1}{7\cdot 5^7}+\dfrac{1}{9\cdot 5^9}\right]$ $-4\left[\dfrac{1}{239}-\dfrac{1}{3\cdot 239^3}+\dfrac{1}{5\cdot 239^5}-\dfrac{1}{7\cdot 239^7}\right.$ $\left.+\dfrac{1}{9\cdot 239^9}\right]$	3.141592683
右辺第6項まで	$16\left[\dfrac{1}{5}-\dfrac{1}{3\cdot 5^3}+\dfrac{1}{5\cdot 5^5}-\dfrac{1}{7\cdot 5^7}+\dfrac{1}{9\cdot 5^9}-\dfrac{1}{11\cdot 5^{11}}\right]$ $-4\left[\dfrac{1}{239}-\dfrac{1}{3\cdot 239^3}+\dfrac{1}{5\cdot 239^5}-\dfrac{1}{7\cdot 239^7}\right.$ $\left.+\dfrac{1}{9\cdot 239^9}-\dfrac{1}{11\cdot 239^{11}}\right]$	3.141592654

　上の表の結果から,右辺第6項までの和で小数点以下8ケタ目まで一致していることがわかる.
この公式を用いれば早く収束するため,今日でも広範に使われている.

1.1 円周率 $\pi = 3.14159265358979323846264338327\cdots$ を求めよう

問 1.1

マチンの公式を使って，この節のタイトルに示した $\pi = 3.14159\cdots$, 有効数字 15 ケタまで一致させるためには，右辺第何項まで必要か，計算を行ってみよ．

マチンの公式を導出してみよう

$\tan^{-1}\dfrac{1}{5} = \alpha$，$\tan^{-1}\dfrac{1}{239} = \beta$ とおく．$\tan\alpha = \dfrac{1}{5}$，$\tan\beta = \dfrac{1}{239}$ である．

ここで，三角関数の 2 倍角の公式を使うと

$$\tan 2\alpha = \frac{2\tan\alpha}{1 - \tan^2\alpha} = \frac{2 \times \dfrac{1}{5}}{1 - \left(\dfrac{1}{5}\right)^2} = \frac{10}{24}$$

また，2 倍角の公式を使うと

$$\tan 4\alpha = \frac{2\tan 2\alpha}{1 - \tan^2 2\alpha} = \frac{2 \times \dfrac{10}{24}}{1 - \left(\dfrac{10}{24}\right)^2} = \frac{120}{119}$$

ここで，加法定理を使うと

$$\tan\left(4\alpha - \frac{\pi}{4}\right) = \frac{\tan 4\alpha - 1}{1 + \tan 4\alpha} = \frac{\dfrac{120}{119} - 1}{1 + \dfrac{120}{119}} = \frac{1}{239} = \tan\beta$$

$$\therefore \quad \tan\left(4\alpha - \frac{\pi}{4}\right) = \tan\beta$$

これより，

$$4\alpha - \frac{\pi}{4} = \beta$$

上式を整理すると

$$\frac{\pi}{4} = 4\alpha - \beta = 4\tan^{-1}\frac{1}{5} - \tan^{-1}\frac{1}{239}$$

(vi) オイラーの公式

オイラーはいろいろな式を提案している．

$$\frac{\pi}{4} = 5\tan^{-1}\frac{1}{7} + 2\tan^{-1}\frac{3}{79}$$

この公式を(b)式の右辺第5項までに適用すると

$$\pi = 20\left(\frac{1}{7} - \frac{1}{3\cdot 7^3} + \frac{1}{5\cdot 7^5} - \frac{1}{7\cdot 7^7} + \frac{1}{9\cdot 7^9}\right)$$
$$+ 8\left(\frac{3}{79} - \frac{3^3}{3\cdot 79^3} + \frac{3^5}{5\cdot 79^5} - \frac{3^7}{7\cdot 79^7} + \frac{3^9}{9\cdot 79^9}\right)$$
$$= 3.141592656$$

右辺第5項までを用いただけで，小数点以下8ケタまで一致する．

問1.2

この公式を使って，前問と同様，有効数字15ケタまで一致させるためには，右辺第何項まで必要か，計算を行ってみよ．

(vii) オイラーの公式

さらにオイラーは次のような類似の公式も導出している．

$$\frac{\pi}{4} = \tan^{-1}\frac{1}{3} + \tan^{-1}\frac{1}{2}$$

第7項までを計算すると，

$$\frac{\pi}{4} = \left(\frac{1}{3} - \frac{1}{3\cdot 3^3} + \frac{1}{5\cdot 3^5} - \frac{1}{7\cdot 3^7} + \frac{1}{9\cdot 3^9} - \frac{1}{11\cdot 3^{11}} + \frac{1}{13\cdot 3^{13}}\right)$$
$$+ \left(\frac{1}{2} - \frac{1}{3\cdot 2^3} + \frac{1}{5\cdot 2^5} - \frac{1}{7\cdot 2^7} + \frac{1}{9\cdot 2^9} - \frac{1}{11\cdot 2^{11}} + \frac{1}{13\cdot 2^{13}}\right)$$

ゆえに，
$$\pi = 3.142399352$$
この値は，少数点以下2ケタまで一致する．

＊＊＊オイラーの公式を導出してみよう＊＊＊

マチンの公式と同様な方法でこのオイラーの公式を導出してみよう．

$\tan^{-1}\dfrac{1}{3}=\alpha$，$\tan^{-1}\dfrac{1}{2}=\beta$ とおく．$\tan\alpha=\dfrac{1}{3}$，$\tan\beta=\dfrac{1}{2}$ である．

ここで，三角関数の加法定理を使うと，

$$\tan(\alpha+\beta)=\frac{\tan\alpha+\tan\beta}{1-\tan\alpha\tan\beta}=\frac{\dfrac{1}{3}+\dfrac{1}{2}}{1-\dfrac{1}{3}\cdot\dfrac{1}{2}}=\frac{\dfrac{5}{6}}{\dfrac{5}{6}}=1$$

ゆえに，$\alpha+\beta=\dfrac{\pi}{4}$

α，β を戻して，整理すると

$$\frac{\pi}{4}=\tan^{-1}\frac{1}{3}+\tan^{-1}\frac{1}{2}$$

(viii) シュテルマーの公式

$$\frac{\pi}{4}=6\tan^{-1}\frac{1}{8}+2\tan^{-1}\frac{1}{57}+\tan^{-1}\frac{1}{239}$$

この公式を (b) 式の右辺第5項までに適用すると

$$\pi=24\tan^{-1}\frac{1}{8}+8\tan^{-1}\frac{1}{57}+4\tan^{-1}\frac{1}{239}$$

$$\pi=24\left(\frac{1}{8}-\frac{1}{3\cdot 8^3}+\frac{1}{5\cdot 8^5}-\frac{1}{7\cdot 8^7}+\frac{1}{9\cdot 8^9}\right)$$

$$\quad+8\left(\frac{1}{57}-\frac{1}{3\cdot 57^3}+\frac{1}{5\cdot 57^5}-\frac{1}{7\cdot 57^7}+\frac{1}{9\cdot 57^9}\right)$$

$$\quad+4\left(\frac{1}{239}-\frac{1}{3\cdot 239^3}+\frac{1}{5\cdot 239^5}-\frac{1}{7\cdot 239^7}+\frac{1}{9\cdot 239^9}\right)$$

$$= 3.141588653$$

右辺第 5 項までを用いただけで,小数点以下 4 ケタまで一致する.

＊＊＊その他 $\tan^{-1}$ による π の計算公式＊＊＊

Gauss の公式

$$\frac{\pi}{4} = 12\tan^{-1}\frac{1}{18} + 8\tan^{-1}\frac{1}{57} - 5\tan^{-1}\frac{1}{239}$$

Klingenstierna の公式

$$\frac{\pi}{4} = 8\tan^{-1}\frac{1}{10} - \tan^{-1}\frac{1}{239} - 4\tan^{-1}\frac{1}{515}$$

Vega の公式

$$\frac{\pi}{4} = 4\tan^{-1}\frac{1}{5} - 2\tan^{-1}\frac{1}{408} + \tan^{-1}\frac{1}{1393}$$

Hutton の公式

$$\frac{\pi}{4} = 2\tan^{-1}\frac{1}{3} + \tan^{-1}\frac{1}{7} = 2\tan^{-1}\frac{1}{2} - \tan^{-1}\frac{1}{7}$$
$$= 3\tan^{-1}\frac{1}{4} + \tan^{-1}\frac{5}{99}$$

Dase の公式

$$\frac{\pi}{4} = \tan^{-1}\frac{1}{2} + \tan^{-1}\frac{1}{5} + \tan^{-1}\frac{1}{8}$$

Rutherford の公式

$$\frac{\pi}{4} = 4\tan^{-1}\frac{1}{5} - \tan^{-1}\frac{1}{70} + \tan^{-1}\frac{1}{99}$$

高野喜久雄の公式

$$\frac{\pi}{4} = 12\tan^{-1}\frac{1}{49} + 32\tan^{-1}\frac{1}{57} - 5\tan^{-1}\frac{1}{239} + 12\tan^{-1}\frac{1}{110443}$$

その他いろいろな公式が多数の研究者によって提案されているが,それについては他の書物を参考にされたい.

1.1.4 ツェータ関数

次に示すツェータ（ξ）関数からも円周率 π の値を求めることができる．

$$\xi(n) = \sum_{k=1}^{\infty} \frac{1}{k^n} \qquad (c)$$

（ix） バーゼル問題から円周率 π を求める方法

(c) 式で $n=2$，すなわち，$\xi(2)$ のとき，バーゼル問題となる．この場合は，平方数の逆数を足し合わせた値はいくらになるかということになる．

$$\frac{\pi^2}{6} = \frac{1}{1^2} + \frac{1}{2^2} + \frac{1}{3^2} + \cdots + \frac{1}{n^2} + \cdots$$

この式は π を含むから，円周率 π を求めることができる．

上式を，次式のように変形する．

$$\pi = \sqrt{6\left(\frac{1}{1^2} + \frac{1}{2^2} + \frac{1}{3^2} + \frac{1}{4^2} + \cdots + \frac{1}{n^2}\cdots\right)}$$

＊＊＊「バーゼル問題」と呼ばれる云われ＊＊＊

「平方数の逆数を足し合わせていくといくらになるか」．17世紀に提起されたこの問題は，スイスのバーゼル地方に住んでいてこの解法の解明に尽力していたベルヌーイ一族の努力にもかかわらず，長年解かれることができなかった．それゆえ，この解法の解明を後世に託したため，この地方の名前をとって「バーゼル問題」と呼ばれた．

例 1.6
上式の右辺の $\sqrt{}$ の中の第7項までで，第1項，第2項までの和，第3項までの和，…から π を求めよ．

【解答】

		π の値
右辺第1項まで	$\sqrt{6\left(\dfrac{1}{1^2}\right)}$	2.44948974
右辺第2項まで	$\sqrt{6\left(\dfrac{1}{1^2}+\dfrac{1}{2^2}\right)}$	2.73861278
右辺第3項まで	$\sqrt{6\left(\dfrac{1}{1^2}+\dfrac{1}{2^2}+\dfrac{1}{3^2}\right)}$	2.85773803
右辺第4項まで	$\sqrt{6\left(\dfrac{1}{1^2}+\dfrac{1}{2^2}+\dfrac{1}{3^2}+\dfrac{1}{4^2}\right)}$	2.92261298
右辺第5項まで	$\sqrt{6\left(\dfrac{1}{1^2}+\dfrac{1}{2^2}+\dfrac{1}{3^2}+\dfrac{1}{4^2}+\dfrac{1}{5^2}\right)}$	2.96338770
右辺第6項まで	$\sqrt{6\left(\dfrac{1}{1^2}+\dfrac{1}{2^2}+\dfrac{1}{3^2}+\dfrac{1}{4^2}+\dfrac{1}{5^2}+\dfrac{1}{6^2}\right)}$	2.99137649
右辺第7項まで	$\sqrt{6\left(\dfrac{1}{1^2}+\dfrac{1}{2^2}+\dfrac{1}{3^2}+\dfrac{1}{4^2}+\dfrac{1}{5^2}+\dfrac{1}{6^2}+\dfrac{1}{7^2}\right)}$	3.01177394

右辺第7項までの和で得られた π の値は，上述した π の公式から得られた値と比較して真値に遠い値となっているが，右辺の $\sqrt{}$ の中の項数を増やしていけば，段々と真値に近づいていくものと思われる．

＊＊＊バーゼル問題の式を導出してみよう＊＊＊

三角関数 $\sin x$ のマクローリン展開式は，p.62，公式(2.2)で与えられている．すなわち，

$$\sin x = x - \frac{1}{3!}x^3 + \frac{1}{5!}x^5 - \frac{1}{7}x^7 + \cdots$$

上式の両辺を x で割ると

$$P(x)=\frac{\sin x}{x}=\frac{1}{1!}-\frac{1}{3!}x^2+\frac{1}{5!}x^4-\frac{1}{7!}x^6+\cdots \qquad (\mathrm{i})$$

$P(x)=\dfrac{\sin x}{x}=0$ の解は，$\sin x=0$，すなわち $x=\pm n\pi$（n は自然数）のとき 0 となるので，形式的に以下のように因数分解できる．

$$P(x) = \frac{\sin x}{x} = \left(1 - \frac{x}{1\pi}\right)\left(1 + \frac{x}{1\pi}\right)\left(1 - \frac{x}{2\pi}\right)\left(1 + \frac{x}{2\pi}\right)\left(1 - \frac{x}{3\pi}\right)\left(1 + \frac{x}{3\pi}\right)\cdots$$
(ⅱ)

隣り合った2項を掛け合わせると

$$P(x) = \frac{\sin x}{x} = \left(1 - \frac{x^2}{1^2\pi^2}\right)\left(1 - \frac{x^2}{2^2\pi^2}\right)\left(1 - \frac{x^2}{3^2\pi^2}\right)\cdots$$

右辺を展開すると

$$P(x) = \frac{\sin x}{x} = 1 - \left(\frac{1}{1^2\pi^2} + \frac{1}{2^2\pi^2} + \frac{1}{3^2\pi^2} + \cdots\right)x^2 + (\cdots\cdots)x^4 + \cdots \quad (ⅲ)$$

(ⅰ)式と(ⅲ)式の右辺第2項の x^2 の係数を比較して等しいと置くと

$$\frac{1}{3!} = \left(\frac{1}{1^2\pi^2} + \frac{1}{2^2\pi^2} + \frac{1}{3^2\pi^2} + \cdots\right)$$

上式を整理すると

$$\frac{1}{6} = \frac{1}{\pi^2}\left(\frac{1}{1^2} + \frac{1}{2^2} + \frac{1}{3^2} + \cdots + \frac{1}{n^2} + \cdots\right)$$

右辺の $1/\pi^2$ を左辺に移項すると

$$\frac{\pi^2}{6} = \frac{1}{1^2} + \frac{1}{2^2} + \frac{1}{3^2} + \cdots + \frac{1}{n^2} + \cdots$$

となり，バーゼル問題の式が得られる．

問 1.3

関数 $P(x) = x^4 - 5x^2 + 4$ とするとき，$P(x)$ は

$$P(x) = 1^2 \cdot 2^2 \left[1 - \left(\frac{1}{1^2} + \frac{1}{2^2}\right)x^2 + \frac{1}{1^2 \cdot 2^2}x^4\right]$$

と表されることを示せ．

(x) ツェータ関数のその他の方法

(c)式で $n=4$，すなわち，$\xi(4)$ のときの円周率 π の値を求めることにする．この場合は次式となる．

$$\xi(4) = \frac{\pi^4}{90} = \frac{1}{1^4} + \frac{1}{2^4} + \frac{1}{3^4} + \cdots + \frac{1}{n^4} + \cdots$$

上式を次式のように変形する．

$$\pi = \sqrt[4]{90\left(\frac{1}{1^4} + \frac{1}{2^4} + \frac{1}{3^4} + \frac{1}{4^4} + \cdots + \cdots\right)}$$

例 1.7
上式の右辺の $\sqrt[4]{}$ の中の第7項までで，第1項，第2項までの和，第3項までの和，…から π の値を求めよ．

【解答】

		π の値
右辺第1項まで	$\sqrt[4]{90\left(\frac{1}{1^4}\right)}$	3.080070288
右辺第2項まで	$\sqrt[4]{90\left(\frac{1}{1^4} + \frac{1}{2^4}\right)}$	3.127107866
右辺第3項まで	$\sqrt[4]{90\left(\frac{1}{1^4} + \frac{1}{2^4} + \frac{1}{3^4}\right)}$	3.136152379
右辺第4項まで	$\sqrt[4]{90\left(\frac{1}{1^4} + \frac{1}{2^4} + \frac{1}{3^4} + \frac{1}{4^4}\right)}$	3.138997885
右辺第5項まで	$\sqrt[4]{90\left(\frac{1}{1^4} + \frac{1}{2^4} + \frac{1}{3^4} + \frac{1}{4^4} + \frac{1}{5^4}\right)}$	3.140161179
右辺第6項まで	$\sqrt[4]{90\left(\frac{1}{1^4} + \frac{1}{2^4} + \frac{1}{3^4} + \frac{1}{4^4} + \frac{1}{5^4} + \frac{1}{6^4}\right)}$	3.140721717
右辺第7項まで	$\sqrt[4]{90\left(\frac{1}{1^4} + \frac{1}{2^4} + \frac{1}{3^4} + \frac{1}{4^4} + \frac{1}{5^4} + \frac{1}{6^4} + \frac{1}{7^4}\right)}$	3.141024157

右辺第7項までの和をとると，少数点以下3ケタまで真値と一致している．前項と比較するとまだまだ収束は悪いが，バーゼル問題よりもは

るかに収束がよくなってきていることがわかる．

$n=6, 8, 10, \cdots$の場合は次式となる．

$$\xi(6)=\frac{\pi^6}{945}=\frac{1}{1^6}+\frac{1}{2^6}+\frac{1}{3^6}+\frac{1}{4^6}+\cdots+\frac{1}{n^6}+\cdots$$

$$\xi(8)=\frac{\pi^8}{9450}=\frac{1}{1^8}+\frac{1}{2^8}+\frac{1}{3^8}+\frac{1}{4^8}+\cdots+\frac{1}{n^8}+\cdots$$

$$\xi(10)=\frac{\pi^{10}}{93555}=\frac{1}{1^{10}}+\frac{1}{2^{10}}+\frac{1}{3^{10}}+\frac{1}{4^{10}}+\cdots+\frac{1}{n^{10}}+\cdots$$

円周率 π が分数の分母に入った次式は素数から構成されている．

$$\frac{6}{\pi^2}=\left(1-\frac{1}{2^2}\right)\left(1-\frac{1}{3^2}\right)\left(1-\frac{1}{5^2}\right)\cdots$$

$$\frac{15}{\pi^2}=\left(1+\frac{1}{2^2}\right)\left(1+\frac{1}{3^2}\right)\left(1+\frac{1}{5^2}\right)\cdots$$

$$\frac{90}{\pi^4}=\left(1-\frac{1}{2^4}\right)\left(1-\frac{1}{3^4}\right)\left(1-\frac{1}{5^4}\right)\cdots$$

1.1.5 BBPの公式

1995年，この公式が導出され，発見者3名の頭文字（David Beiley, Peter Borwein, Simon Plouffe：カナダ）をとってこう呼ばれている．

以下にこの公式を示す．

$$\pi=\sum_{k=0}^{\infty}\frac{1}{16^k}\left(\frac{4}{8k+1}-\frac{2}{8k+4}-\frac{1}{8k+5}-\frac{1}{8k+6}\right) \tag{d}$$

例1.8

上式で，$k=0$の和，$k=1$までの和，$k=2$までの和，$k=3$までの和を求めよ．

【解答】

		π の値
$k=0$	$\left(4-\dfrac{2}{4}-\dfrac{1}{5}-\dfrac{1}{6}\right)$	3.133333333
$k=1$	$\left(4-\dfrac{2}{4}-\dfrac{1}{5}-\dfrac{1}{6}\right)+\dfrac{1}{16}\left(\dfrac{4}{9}-\dfrac{2}{12}-\dfrac{1}{13}-\dfrac{1}{14}\right)$	3.141422466
$k=2$	$\left(4-\dfrac{2}{4}-\dfrac{1}{5}-\dfrac{1}{6}\right)+\dfrac{1}{16}\left(\dfrac{4}{9}-\dfrac{2}{12}-\dfrac{1}{13}-\dfrac{1}{14}\right)$ $+\dfrac{1}{16^2}\left(\dfrac{4}{17}-\dfrac{2}{20}-\dfrac{1}{21}-\dfrac{1}{22}\right)$	3.141587389
$k=3$	$\left(4-\dfrac{2}{4}-\dfrac{1}{5}-\dfrac{1}{6}\right)+\dfrac{1}{16}\left(\dfrac{4}{9}-\dfrac{2}{12}-\dfrac{1}{13}-\dfrac{1}{14}\right)$ $+\dfrac{1}{16^2}\left(\dfrac{4}{17}-\dfrac{2}{20}-\dfrac{1}{21}-\dfrac{1}{22}\right)+\dfrac{1}{16^3}\left(\dfrac{4}{25}-\dfrac{2}{28}-\dfrac{1}{29}-\dfrac{1}{30}\right)$	3.141592456

$k=3$ までの和で，少数点以下 5 ケタまで一致していることがわかる．

*＊＊(d) 式の導出＊＊＊

無限等比級数の公式 (p.43, (5)) より，

$$1+x+x^2+x^3+\cdots=\dfrac{1}{1-x}$$

上式で，x を，x^8 と置き換えると

$$1+x^8+x^{16}+\cdots=\dfrac{1}{1-x^8}$$

さらに，両辺に x^{k-1} を掛けると

$$x^{k-1}(1+x^8+x^{16}+\cdots)=x^{k-1}\sum_{n=0}^{\infty}x^{8n}=\dfrac{x^{k-1}}{1-x^8}$$

上式を 0 から $\dfrac{1}{\sqrt{2}}$ まで積分する．

$$\int_0^{\frac{1}{\sqrt{2}}}\dfrac{x^{k-1}}{1-x^8}dx=\int_0^{\frac{1}{\sqrt{2}}}x^{k-1}\sum_{n=0}^{\infty}x^{8n}dx=\sum_{n=0}^{\infty}\int_0^{\frac{1}{\sqrt{2}}}x^{8n+k-1}dx$$

$$= \sum_{n=0}^{\infty} \left[\frac{x^{8n+k}}{8n+k} \right]_0^{\frac{1}{\sqrt{2}}} = \frac{1}{\sqrt{2}^k} \sum_{n=0}^{\infty} \frac{1}{16^n(8n+k)}$$

$$\therefore \sum_{n=0}^{\infty} \frac{1}{16^n(8n+k)} = 2^{\frac{k}{2}} \int_0^{\frac{1}{\sqrt{2}}} \frac{x^{k-1}}{1-x^8} dx \quad ①$$

ここで，$S(a, b) = \sum_{n=0}^{\infty} \frac{1}{16^n} \frac{1}{an+b}$ と置き，$S(a, b)$ が π となるいろいろな組み合わせを考える．

今の場合は，
$$4S(8, 1) - 2S(8, 4) - S(8, 5) - S(8, 6)$$
とする．

$$4S(8, 1) - 2S(8, 4) - S(8, 5) - S(8, 6)$$
$$= \sum_{n=0}^{\infty} \frac{1}{16^n} \left(\frac{4}{8n+1} - \frac{2}{8n+4} - \frac{1}{8n+5} - \frac{1}{8n+6} \right) \quad ②$$

①式の右辺に，$k = 1, 4, 5, 6$ を入れると

$$k=1 \quad \sum_{n=0}^{\infty} \frac{1}{16^n(8n+1)} = \sqrt{2} \int_0^{\frac{1}{\sqrt{2}}} \frac{1}{1-x^8} dx$$

$$k=4 \quad \sum_{n=0}^{\infty} \frac{1}{16^n(8n+4)} = 4 \int_0^{\frac{1}{\sqrt{2}}} \frac{x^3}{1-x^8} dx$$

$$k=5 \quad \sum_{n=0}^{\infty} \frac{1}{16^n(8n+5)} = 4\sqrt{2} \int_0^{\frac{1}{\sqrt{2}}} \frac{x^4}{1-x^8} dx$$

$$k=6 \quad \sum_{n=0}^{\infty} \frac{1}{16^n(8n+6)} = 8 \int_0^{\frac{1}{\sqrt{2}}} \frac{x^5}{1-x^8} dx$$

よって，②式の右辺は

$$= \int_0^{\frac{1}{\sqrt{2}}} \frac{4\sqrt{2} - 8x^3 - 4\sqrt{2}x^4 - 8x^5}{1-x^8} dx \quad ③$$

ここで，$t = \sqrt{2} x$ と置換すると，$dx = \frac{1}{\sqrt{2}} dt$ より③は

$$= 16 \int_0^1 \frac{4 - 2t^3 - t^4 - t^5}{16 - t^8} dt$$

積分内は次のように因数分解できる．

$$=16\int_0^1 \frac{(1-t)(2+t^2)(2+2t+t^2)}{(2+t^2)(2-t^2)(2+2t+t^2)(2-2t+t^2)}dt$$

積分内を簡単にすると

$$=16\int_0^1 \frac{t-1}{(t^2-2)(t^2-2t+2)}dt$$

積分内を部分分数に分ける．

$$=4\int_0^1 \frac{t}{t^2-2}dt - 4\int_0^1 \frac{t-1}{t^2-2t+2}dt + 4\int_0^1 \frac{1}{t^2-2t+2}dt$$

$$=2\Big[\log|t^2-2|\Big]_0^1 - 2\Big[\log|t^2-2t+2|\Big]_0^1 + 4\int_0^1 \frac{dt}{(t-1)^2+1}$$

$$=-2\log 2 + 2\log 2 + 4\int_0^1 \frac{dt}{(t-1)^2+1} = 4\int_0^1 \frac{dt}{(t-1)^2+1}$$

ここで，$u=t-1$ と置換すると，$dt=du$

$$4\int_0^1 \frac{dt}{(t-1)^2+1} = 4\int_{-1}^0 \frac{du}{u^2+1} = 4[\tan^{-1}u]_{-1}^0 = 4[0-\tan^{-1}(-1)] = 4\cdot\frac{\pi}{4}$$

$$=\pi$$

以上より，③式は π となるから，②は

$$\pi = \sum_{n=0}^{\infty} \frac{1}{16^n}\cdot\left(\frac{4}{8n+1} - \frac{2}{8n+4} - \frac{1}{8n+5} - \frac{1}{8n+6}\right)$$

問1.4

Adamchik と Wagon は次のような公式を導出している．

$$\pi = \sum_{k=0}^{\infty} \frac{(-1)^k}{4^k}\left(\frac{2}{4k+1} + \frac{2}{4k+2} + \frac{1}{4k+3}\right)$$

上式で，$k=0$ での和，$k=1$ までの和，$k=2$ までの和，$k=3$ までの和を求めよ．

その他，BBP 型公式として以下のようなものがある．

$$\pi = \frac{2\sqrt{3}}{3} \sum_{n=0}^{\infty} \frac{1}{9^n}\left(\frac{3}{4n+1} - \frac{1}{4n+3}\right)$$

$$\pi = \frac{2\sqrt{3}}{27} \sum_{n=0}^{\infty} \frac{1}{81^n}\left(\frac{27}{8n+1} - \frac{9}{8n+3} + \frac{3}{8n+5} - \frac{1}{8n+7}\right)$$

1.2 図形から円周率 π を求めよう

1.2.1 直線上に円を転がす方法

図 1.1 に円を示す．

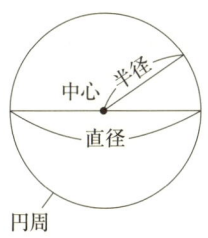

図 1.1

π は円周が直径の何倍になっているかを表す数である．

$$\pi = 円周 \div 直径$$
$$= 円周 \div (2 \times 半径)$$

図 1.2 に示すように，一直線上に直径 1 の円を乗せる．

円と直線が接するところで，両方に印をつける．

円を直線上で転がし，一回転したところで止める．

出発点から止めた位置までの長さ π を測る．この長さ π が円周率となる．

26   1. 円周率 π を求めよう

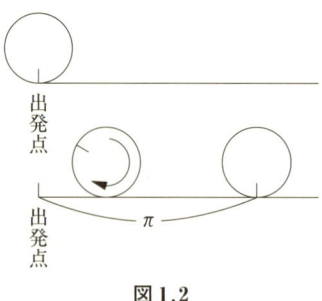

図 1.2

1.2.2 三角関数の式から π を求める方法

図 1.3 に示すように，中心を O，直径を AB，半径の長さを 1 とする半円を描く．その半円上に任意の点 C をとる．円弧 AC をこの直線 AC で近似し，円周の長さ ℓ を求めていくことにする．

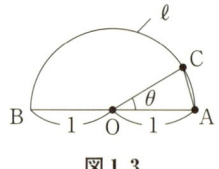

図 1.3

まず，この直線 AC を三角関数で表示する．
図 1.3 から，$\triangle AOC$ を取り出して示したのが図 1.4 である．

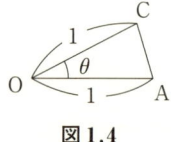

図 1.4

$\triangle AOC$ において，$OA = OC = 1$ であり，$\angle AOC = \theta$ とする．

この三角形に三角関数の余弦定理を適用する.
$$AC = \sqrt{OA^2 + OC^2 - 2OA \cdot OC \cos\theta} = \sqrt{1 + 1 - 2 \times 1 \times 1 \cos\theta}$$
$$= \sqrt{2 - 2\cos\theta}$$
である.

さらに, 2倍角の公式 $\left(\cos\theta = 1 - 2\sin^2\dfrac{\theta}{2}\right)$ を使うと
$$AC = 2\sin\dfrac{\theta}{2} \tag{f}$$
この (f) 式を以後使うことにする.

① 半円を 2 等分 $\left(\dfrac{180°}{90°} = \dfrac{\pi}{\frac{\pi}{2}} = 2\right)$ する. すなわち中心 O から垂線を立て, 半円との交点を C とする. 合同な 2 つの三角形ができる. それゆえ, 円周の長さは $\ell = AC + BC = 2AC$ であるから

$$\ell = 2AC = 2 \times 2\sin\dfrac{\theta}{2} = 4\sin\dfrac{\frac{\pi}{2}}{2} = 4\sin\dfrac{\pi}{4} = 2\sqrt{2} = 2.828427$$

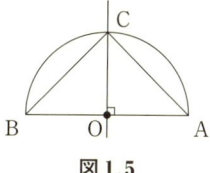

図 1.5

② 半円を 3 等分 $\left(\dfrac{180°}{60°} = \dfrac{\pi}{\frac{\pi}{3}} = 3\right)$ する. 合同な 3 つの三角形ができる.

それゆえ, 円周の長さは
$$\ell = 3AC = 3 \times 2\sin\dfrac{\theta}{2} = 6\sin\dfrac{\frac{\pi}{3}}{2} = 6\sin\dfrac{\pi}{6} = 3$$

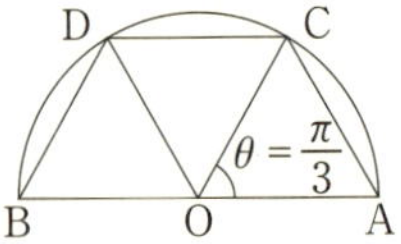

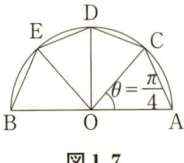

図 1.6

③ 半円を 4 等分 $\left(\dfrac{180°}{45°} = \dfrac{\pi}{\frac{\pi}{4}} = 4\right)$ する．合同な 4 つの三角形ができる．それゆえ，円周の長さは

$$\ell = 4AC = 4 \times 2\sin\frac{\theta}{2} = 8\sin\frac{\frac{\pi}{4}}{2} = 8\sin\frac{\pi}{8} = 8\sqrt{\frac{1 - \cos\frac{\pi}{4}}{2}}$$

$$= 8\sqrt{\frac{1 - \frac{\sqrt{2}}{2}}{2}} = 4\sqrt{2 - \sqrt{2}} = 3.061467$$

ここで，2 倍角の公式 $\sin\theta = \sqrt{\dfrac{1 - \cos 2\theta}{2}}$ を用いた．

図 1.7

④ 半円を 6 等分 $\left(\dfrac{180°}{30°} = \dfrac{\pi}{\frac{\pi}{6}} = 6\right)$ する．合同な 6 つの三角形ができる．それゆえ，円周の長さは

$$\ell = 6AC = 6 \times 2\sin\frac{\frac{\pi}{6}}{2} = 12\sin\frac{\pi}{12} = 12\sqrt{\frac{1 - \cos\frac{\pi}{6}}{2}}$$

$$= 12\sqrt{\dfrac{1-\dfrac{\sqrt{3}}{2}}{2}} = 6\sqrt{2-\sqrt{3}} = 3.105828$$

⑤ 半円を 12 等分 $\left(\dfrac{180°}{15°} = \dfrac{\pi}{\dfrac{\pi}{12}} = 12\right)$ する．合同な 12 個の三角形ができる．それゆえ，円周の長さは

$$\ell = 12AC = 12 \times 2\sin\dfrac{\dfrac{\pi}{12}}{2} = 24\sin\dfrac{\pi}{24} = 24\sqrt{\dfrac{1-\cos\dfrac{\pi}{12}}{2}}$$

$$= 24\sqrt{\dfrac{1-\sqrt{\dfrac{1+\cos\dfrac{\pi}{6}}{2}}}{2}} = 24\sqrt{\dfrac{1-\sqrt{\dfrac{1+\dfrac{\sqrt{3}}{2}}{2}}}{2}}$$

$$= 12\sqrt{2-\sqrt{2+\sqrt{3}}} = 3.132628$$

⑥ 半円を 24 等分 $\left(\dfrac{180°}{7.5°} = \dfrac{\pi}{\dfrac{\pi}{24}} = 24\right)$ する．合同な 24 個の三角形ができる．それゆえ，円周の長さは

$$\ell = 24AC = 24 \times 2\sin\dfrac{\dfrac{\pi}{24}}{2} = 48\sin\dfrac{\pi}{48} = 48\sqrt{\dfrac{1-\cos\dfrac{\pi}{24}}{2}}$$

$$= 48\sqrt{\dfrac{1-\sqrt{\dfrac{1+\cos\dfrac{\pi}{12}}{2}}}{2}} = 48\sqrt{\dfrac{1-\sqrt{\dfrac{1+\sqrt{\dfrac{1+\cos\dfrac{\pi}{6}}{2}}}{2}}}{2}}$$

$$= 24\sqrt{2-\sqrt{2+\sqrt{2+\sqrt{3}}}} = 3.139350$$

⑦ 半円を 48 等分 $\left(\dfrac{180°}{3.75°} = \dfrac{\pi}{\dfrac{\pi}{48}} = 48\right)$ する．合同な 48 個の三角形ができる．それゆえ，円周の長さは

$$\ell = 48AC = 48 \times 2\sin\frac{\frac{\pi}{48}}{2} = 96\sin\frac{\pi}{96} = 96\sqrt{\frac{1-\cos\frac{\pi}{48}}{2}}$$

$$= 96\sqrt{\frac{1-\sqrt{\frac{1+\cos\frac{\pi}{24}}{2}}}{2}} = 96\sqrt{\frac{1-\sqrt{\frac{1+\sqrt{\frac{1+\cos\frac{\pi}{12}}{2}}}{2}}}{2}}$$

$$= 96\sqrt{\frac{1-\sqrt{\frac{1+\sqrt{\frac{1+\sqrt{\frac{1+\cos\frac{\pi}{6}}{2}}}{2}}}{2}}}{2}}$$

$$= 48\sqrt{2-\sqrt{2+\sqrt{2+\sqrt{2+\sqrt{3}}}}} = 3.141032$$

この結果は，少数点第3位まで一致している．

このように，2倍角の公式を使っていけば，限りなく真値に近い値を求めることができる．

なお，(f) 式より，円周の長さの極限値は

$$\ell = \lim_{\theta \to 0}\frac{\pi}{\theta} \times 2\sin\frac{\theta}{2} = \pi\lim_{\theta \to 0}\frac{\sin\frac{\theta}{2}}{\frac{\theta}{2}} = \pi$$

となり，半径1の半円の周の長さは，π となる．

ここで，$\displaystyle\lim_{\theta \to 0}\frac{\sin\frac{\theta}{2}}{\frac{\theta}{2}} = 1$ を使用した（p.48，2.2.3項 (8) 式参照）．

問 1.5

96等分，192等分…と計算を行ってみよ．

ここで，今回使用した三角関数の 2 倍角の公式を再度示しておく．

$$\cos\theta = \cos^2\frac{\theta}{2} - \sin^2\frac{\theta}{2} = 2\cos^2\frac{\theta}{2} - 1 = 1 - 2\sin^2\frac{\theta}{2}$$

これより，

$$\cos\frac{\theta}{2} = \sqrt{\frac{1+\cos\theta}{2}}, \qquad \sin\frac{\theta}{2} = \sqrt{\frac{1-\cos\theta}{2}}$$

1.2.3 アルキメデスの方法

アルキメデス（BC. 3 世紀，ギリシャ人）は円に内接する，外接する正多角形（正 96 角形）を利用して，円周率 π の値の範囲が次式となることを示した．

$$3\frac{10}{71} < \pi < 3\frac{1}{7} \qquad (3.1408 < \pi < 3.1428)$$

これを導出してみよう．

半径 $\frac{1}{2}$ の円に内接する正 n 角形の周の長さを a_n，外接する正 n 角形の周の長さを b_n とする．直径が 1 であるから，今の場合の円周の長さ π は次の不等式となる．

$$a_n < \pi < b_n$$

$n=6$（すなわち正六角形）の場合，円に内接する，外接する正六角形は図 1.8((1), (2)) となる．

(1)　　　　　　　(2)

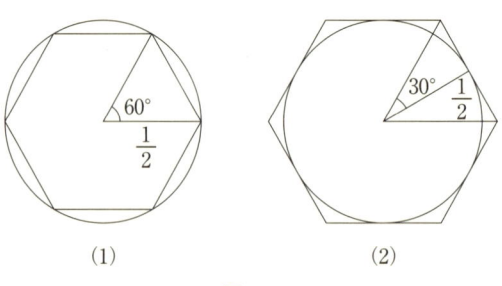

図1.8

正六角形の各頂点と中心とを結んでできる正三角形の1つに注目する．中心角は $60°$ である．円に内接する正六角形の周の長さ a_6 および円に外接する正六角形の周の長さ b_6 は

$$a_6 = 6 \times \frac{1}{2} = 3 \qquad b_6 = 6 \times \left(2 \times \frac{1}{2}\tan 30°\right) = 2\sqrt{3}$$

次に正 n 角形を考える．その1辺を取り出したのが図1.9（(1), (2)）である．

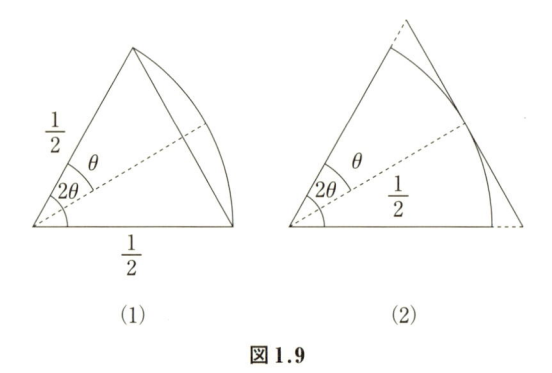

(1)　　　　　　　(2)

図1.9

その中心角を 2θ とすると，$\theta = \dfrac{\pi}{n}$．この正 n 角形の内接する，外接する周の長さ a_n, b_n は

1.2 図形から円周率 π を求めよう

$$a_n = n \times \left(2 \times \frac{1}{2}\sin\theta\right) = n\sin\theta \qquad b_n = n \times \left(2 \times \frac{1}{2}\tan\theta\right) = n\tan\theta$$

正 $2n$ 角形の一辺に対応する中心角は θ であるから，$2\varphi = \theta$ とおくと a_{2n}, b_{2n} は

$$a_{2n} = 2n\sin\frac{\theta}{2} = 2n\sin\varphi \qquad b_{2n} = 2n\tan\frac{\theta}{2} = 2n\tan\varphi$$

ここで，$\dfrac{1}{a_n} + \dfrac{1}{b_n}$ を考える．

$$\begin{aligned}
\frac{1}{a_n} + \frac{1}{b_n} &= \frac{1}{n\sin\theta} + \frac{1}{n\tan\theta} = \frac{1}{n}\left(\frac{1}{\sin\theta} + \frac{\cos\theta}{\sin\theta}\right) = \frac{1}{n} \cdot \frac{1+\cos\theta}{\sin\theta} \\
&= \frac{1}{n} \cdot \frac{1+\cos 2\varphi}{\sin 2\varphi} = \frac{1}{n} \cdot \frac{1+2\cos^2\varphi - 1}{2\sin\varphi\cos\varphi} = \frac{1}{n} \cdot \frac{\cos\varphi}{\sin\varphi} = \frac{2}{2n\tan\varphi} \\
&= \frac{2}{b_{2n}}
\end{aligned}$$

$$\therefore \quad \frac{1}{a_n} + \frac{1}{b_n} = \frac{2}{b_{2n}} \qquad \qquad ①$$

また，$a_n b_{2n}$ を考える．

$$a_n b_{2n} = n\sin 2\varphi \cdot 2n\tan\varphi = 2n^2 (2\sin\varphi\cos\varphi)\frac{\sin\varphi}{\cos\varphi} = (2n\sin\varphi)^2$$
$$= a_{2n}{}^2$$

$$\therefore \quad a_n b_{2n} = a_{2n}{}^2 \qquad \qquad ②$$

①，②式を使って正 $6n$ 角形の内接する，外接する周の長さを求めることにする．

①，②式で，$n=6$ とおくと，正 12 角形の内接する，外接する周の長さ a_{12}, b_{12} が求まる．

$$\frac{1}{a_6} + \frac{1}{b_6} = \frac{2}{b_{12}} \quad \text{より,} \quad \frac{1}{3} + \frac{1}{2\sqrt{3}} = \frac{2}{b_{12}}$$

$$\therefore \quad b_{12} = \frac{12}{2+\sqrt{3}} = \frac{12(2-\sqrt{3})}{(2+\sqrt{3})(2-\sqrt{3})} = 12(2-\sqrt{3}) = 3.215390316$$

$$a_{12}{}^2 = 3 \times 12(2-\sqrt{3}) = 36(2-\sqrt{3})$$

$$\therefore \quad a_{12} = 6\sqrt{2-\sqrt{3}} = 3.10582854$$

同様に，a_{24}, b_{24} は

$$\frac{1}{6\sqrt{2-\sqrt{3}}} + \frac{1}{12(2-\sqrt{3})} = \frac{2}{b_{24}} \quad \therefore \quad b_{24} = \frac{24(2-\sqrt{3})}{2\sqrt{2-\sqrt{3}}+1} = 3.159659949$$

$$a_{24} = \sqrt{6\sqrt{2-\sqrt{3}} \times b_{24}} = 3.132628616$$

これ以降，手計算は複雑になるから「エクセル」で数値計算する．

①，②式から，$b_{2n} = \dfrac{2a_n b_n}{a_n + b_n}$, $a_{2n} = a_n\sqrt{\dfrac{2b_n}{a_n+b_n}}$

表 1.1

	A	B	C	D
1	n	a(n)		b(n)
2	6	3		$2\sqrt{3}$
3	12	=B2*SQRT(2*D2/(B2+D2))		=2*B2*D2/(B2+D2)
4	24	=B3*SQRT(2*D3/(B3+D3))		=2*B3*D3/(B3+D3)
5	48	=B4*SQRT(2*D4/(B4+D4))		=2*B4*D4/(B4+D4)
6	96	=B5*SQRT(2*D5/(B5+D5))		=2*B5*D5/(B5+D5)

表 1.2　計算結果

	A	B	C	D
1	n	a(n)		b(n)
2	6	3		$2\sqrt{3}$
3	12	3.105829		3.215390
4	24	3.132629		3.159660
5	48	3.139350		3.146086
6	96	3.141032		3.142715

「B6」のセルに出ている値が a_{96}, 「D6」のセルに出ている値が b_{96} であるから

$$3\frac{10}{71} < a_{96} < \pi < b_{96} < 3\frac{1}{7}$$

となるから，アルキメデスが示した結果が得られた．

1.2.4 ビュフォンの針

針を床に落として，床に引いた平行線と交わる確率から円周率 π を求める方法がある．これがビュフォン (Buffon) の針と呼ばれる方法である．この方法にも三角関数の $\sin\theta$ あるいは $\cos\theta$ が出てくることから円周率 π を求めることができる．

針の長さを $2a$，床に引いた平行線は 3 本で，その間隔を $2l$ とし，l が a よりも長い場合 ($l>a$) について考える（図 1.10 参照）．

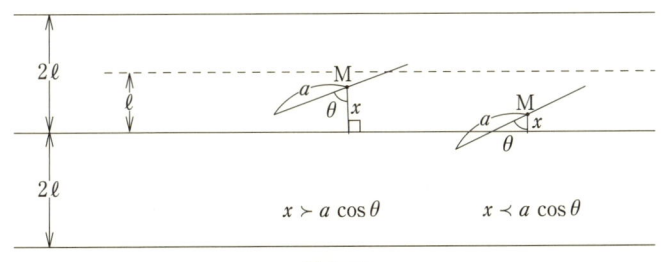

図 1.10

真ん中の平行線上一定の高さから針を落とすことにし，針の中点Mの静止位置がその線から l までの間とする．そこで，針の中点Mからその線に降ろした距離を x とすると，x の取りうる範囲は次式でなければならない．

$$0 \leq x \leq l \qquad ①$$

式①は，図 1.10 に示すように，針と平行線が交わる，交わらないにかかわらず成立する．

また，針と x とのなす角を θ とすると，θ の取りうる範囲は次式でなければならない．

$$-90°\left(=-\frac{\pi}{2}\right) \leq \theta \leq 90°\left(=\frac{\pi}{2}\right) \qquad ②$$

①式と②式から，$\theta-x$ 線図を描くと図 1.11 となる．

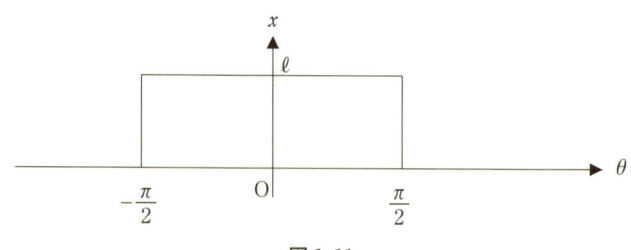

図 1.11

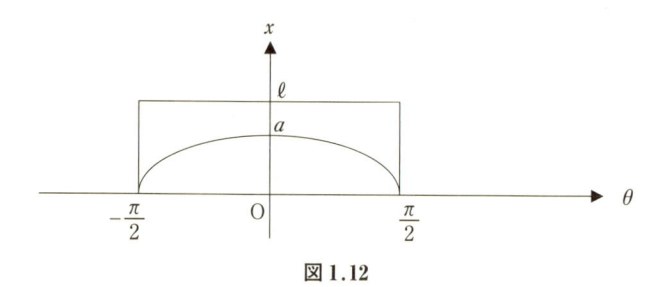

図 1.12

　図 1.11 の長方形の全面積 ($S=\pi l$) は起こりうる，すなわち，交わる，交わらないすべての場合を含むことになる．

　つぎに，静止した針が平行線と交わるとき，垂直距離同士には次式が成立しなければならない（図 1.10 参照）．

$$x \leq a \cos\theta \qquad ③$$

$a<l$ を考慮して，図 1.11 に式③を挿入すると図 1.12 となる．

　針が平行線と交わる場合は，図 1.12 で，cos 曲線下の面積となる．この面積を A とすると，A は

$$A = \int_{-\frac{\pi}{2}}^{\frac{\pi}{2}} a\cos\theta d\theta = 2a$$

ゆえに，針が平行線と交わる確率 p は，次式となる．

$$p = \frac{A}{S} = \frac{\int_{-\frac{\pi}{2}}^{\frac{\pi}{2}} a\cos\theta d\theta = 2a}{\pi l} = \frac{2a}{\pi l}$$

上式を利用して円周率 π を求めることができる.

たとえば,針の長さ $2a=40$,平行線の間隔 $2l=60$ として,試行を 5000 回行った.その結果,
交わった回数が 2123 回であったとき,交わる確率は上式より

$$p = \frac{2a}{\pi l} = \frac{2123}{5000}$$

よって,円周率 π は

$$\pi = 3.1402$$

試行回数をさらに増やしていけば,真値に近づいていくものと思われる.

2 π を導出するために必要な微分

2.1 数列と級数

2.1.1 数列と数列の極限値

$$2, \ 4, \ 6, \ 8, \ \cdots$$

のように，ある数からはじめて，ある規則に従って並んでいる数の列を数列という．数列の各数を項という．数列の項をはじめから順に第1項，第2項，$\cdots$，n番目の項を第n項または一般項という．第1項のことを初項ともいう．

数列を一般的に表すには，1つの文字に項の番号を添えて

$$a_1, \ a_2, \ a_3, \ \cdots, \ a_n, \ \cdots$$

のように書く．また，数列は一般項a_nを用いて，$\{a_n\}$で表す．項が限りなく続く数列を無限数列という．

この無限数列$\{a_n\}$において，nが大きくなるにつれて第n項a_nがどのように変わっていくか，その状態について調べてみよう．

例 2.1

数列 $\left\{\dfrac{1}{n}\right\}$, すなわち, 数列

$$1, \ \frac{1}{2}, \ \frac{1}{3}, \ \frac{1}{4}, \ \frac{1}{5}, \ \cdots$$

では, n が限りなく大きくなるとき, 第 n 項は 0 に近づく.

例 2.2

数列 $\left\{\left(-\dfrac{1}{2}\right)^{n-1}\right\}$, すなわち, 数列

$$1, \ -\frac{1}{2}, \ \frac{1}{4}, \ -\frac{1}{8}, \ \frac{1}{16}, \ -\frac{1}{32}, \ \cdots$$

では, n が限りなく大きくなるとき, 第 n 項は 0 に近づく.

一般に, 数列 $\{a_n\}$ において, n が限りなく大きくなるにつれて, a_n が一定の値 α に限りなく近づくとき, 数列 $\{a_n\}$ は α に収束するといい, α を数列 $\{a_n\}$ の極限値という.

数列 $\{a_n\}$ の極限値が α であるとき,

$$\lim_{n\to\infty} a_n = \alpha$$

と書く.

例 2.1, 例 2.2 の場合, 次のようになる.

$$\lim_{n\to\infty} \frac{1}{n} = 0 \qquad \lim_{n\to\infty}\left(-\frac{1}{2}\right)^{n-1} = 0$$

2.1.2 無限級数

数列 $\{a_n\}$ の和 $a_1 + a_2 + a_3 + \cdots + a_n$ を記号 Σ を用いて

$$a_1 + a_2 + a_3 + \cdots + a_n = \sum_{k=1}^{n} a_k$$

と書く.

無限数列 $\{a_n\}$ が与えられたとき
$$a_1 + a_2 + a_3 + \cdots + a_n + \cdots$$
を考え，これを無限級数または単に級数という．無限級数 $\sum_{n=1}^{\infty} a_n$ において，初項から第 n 項までの和
$$S_n = \sum_{k=1}^{n} a_k = a_1 + a_2 + a_3 + \cdots + a_n$$
を，この無限級数の第 n 項までの部分和という．

級数 $\{S_n\}$ が収束して，その極限値が S であるとき，すなわち
$$\lim_{n \to \infty} S_n = \lim_{n \to \infty} \sum_{k=1}^{n} a_k = S$$
であるとき，無限級数 $\sum_{n=1}^{\infty} a_n$ は S に収束するといい，S をこの無限級数の和という．

例 2.3

級数 $\sum_{n=1}^{\infty} \dfrac{1}{n(n+1)}$ の部分和 S_n は

$$S_n = \sum_{k=1}^{n} \frac{1}{k(k+1)} = \frac{1}{1 \cdot 2} + \frac{1}{2 \cdot 3} + \frac{1}{3 \cdot 4} + \cdots + \frac{1}{n(n+1)}$$

$$= \left(1 - \frac{1}{2}\right) + \left(\frac{1}{2} - \frac{1}{3}\right) + \left(\frac{1}{3} - \frac{1}{4}\right) + \cdots + \left(\frac{1}{n} - \frac{1}{n+1}\right)$$

$$= 1 - \frac{1}{n+1}$$

である．$n \to \infty$，すなわち，極限値をとると

$$\lim_{n \to \infty} S_n = \lim_{n \to \infty} \left(1 - \frac{1}{n+1}\right) = 1$$

ゆえに，この級数は収束し，その和は 1 である．

2.1.3 無限等比級数

数列
$$a, \ ar, \ ar^2, \ ar^3, \ \cdots$$

のように，初項 a からはじめて，つぎつぎに 0 でない一定の数 r を掛けて得られる数列を等比数列といい，r をその公比という．

初項 a, 公比 r の等比数列の一般項は，$a_n = ar^{n-1}$ である．

この等比数列の初項から第 n 項までの和 S_n を求めてみよう．

$$S_n = a + ar + ar^2 + \cdots + ar^{n-1} \tag{1}$$

(1) 式の両辺に r を掛けると

$$rS_n = ar + ar^2 + \cdots + ar^{n-1} + ar^n \tag{2}$$

(1) $-$ (2) により，

$$(1-r)S_n = a - ar^n = a(1-r^n)$$

よって，$r \neq 1$ のとき

$$S_n = \frac{a(1-r^n)}{1-r} = \frac{a}{1-r} - \frac{ar^n}{1-r} \tag{3}$$

また，$r = 1$ のとき

$$S_n = na \tag{4}$$

部分和 S_n, (3), (4) を考える．

(i) $|r| < 1$ のとき

$$\lim_{n \to \infty} r^n = 0 \text{ であるから } \lim_{n \to \infty} S_n = \lim_{n \to \infty} \left(\frac{a}{1-r} - \frac{ar^n}{1-r} \right) = \frac{a}{1-r}$$

したがって，この部分和は収束し，その和は $\dfrac{a}{1-r}$ となる．つまり

$$a + ar + ar^2 + ar^3 + \cdots = \frac{a}{1-r} \tag{1'}$$

(ii) $r = 1$ のとき

$$S_n = na \text{ であるから } \lim_{n \to \infty} S_n = \lim_{n \to \infty} na = \infty$$

この部分和は発散するという．

(iii) $1 < r$ のとき

$$\lim_{n \to \infty} r^n = \infty \text{ であるから } \lim_{n \to \infty} S_n = \infty$$

この場合も，この部分和は発散する．

(iv) $r \leq -1$ のとき

$$\lim_{n\to\infty} r^n \text{ は振動し}, \lim_{n\to\infty} S_n \text{ は存在しない}.$$

(ⅱ),(ⅲ),(ⅳ)をまとめて発散するという.

今後は,(ⅰ)の収束する場合だけを考えていく.

つぎに,等比級数が無限に続く無限等比級数の場合を考える.(1′)式で初項 a を $a=1$ とし,さらに r と x を交換すると

$$1 + x + x^2 + x^3 + \cdots = \frac{1}{1-x}$$

上式の左辺と右辺を入れ替えると

$$\frac{1}{1-x} = 1 + x + x^2 + x^3 + \cdots \tag{5}$$

$|x|<1$ の範囲で,分数関数 $\dfrac{1}{1-x}$ は(5)式のように,x のべき級数で表すことができる.

(5)式で,x を $-x$ で置き換えると

$$\frac{1}{1+x} = 1 - x + x^2 - x^3 + \cdots \tag{6}$$

分数関数 $\dfrac{1}{1+x}$ は(6)式のように,x のべき級数で表すことができる.

これらのことから,$(1+x)^\alpha$ は次式のように拡張することができる.

$$(1+x)^\alpha = 1 + \alpha x + \frac{\alpha(\alpha-1)}{2!}x^2 + \frac{\alpha(\alpha-1)(\alpha-2)}{3!}x^3 + \cdots$$

それゆえ,次の公式が得られる.

$$\boxed{(1+x)^\alpha = 1 + \alpha x + \frac{\alpha(\alpha-1)}{2!}x^2 + \frac{\alpha(\alpha-1)(\alpha-2)}{3!}x^3 + \cdots}$$

公式 (1)

なお,公式 (1) の導出方法は p.61 を参照のこと.

公式 (1) で,$\alpha = -1$ とおけば,

$$(1+x)^{-1} = \frac{1}{1+x} = 1 - x + x^2 - x^3 + \cdots \tag{6}$$

と (6) 式が得られる.

2.2 導関数

2.2.1 導関数

関数 $f(x)$ において, 極限値 $\displaystyle\lim_{\delta x \to 0} \frac{f(x+\delta x) - f(x)}{\delta x}$ が存在するとき, これを $f(x)$ の導関数といい, 導関数 $f'(x)$ を求めることを, 関数 $f(x)$ を x について「微分する」という. すなわち,

$$f'(x) = \lim_{\delta x \to 0} \frac{f(x+\delta x) - f(x)}{\delta x}$$

導関数を表す記号は次のものが多く使われる.

$$f'(x), \quad y', \quad \frac{dy}{dx}$$

例 2.4

次の関数を微分せよ.
① $f(x) = x^3$　　② $f(x) = x^2 - 2x + 3$

【解答】

① $\displaystyle f'(x) = \lim_{\delta x \to 0} \frac{(x+\delta x)^3 - x^3}{\delta x} = \lim_{\delta x \to 0} \frac{(3x^2 + 3x\delta x + (\delta x)^2)\delta x}{\delta x}$
$\displaystyle \quad = \lim_{\delta x \to 0} (3x^2 + 3x\delta x + (\delta x)^2) = 3x^2$

② $\displaystyle f'(x) = \lim_{\delta x \to 0} \frac{[(x+\delta x)^2 - 2(x+\delta x) + 3] - [x^2 - 2x + 3]}{\delta x}$
$\displaystyle \quad = \lim_{\delta x \to 0} \frac{\delta x(2x - 2 + \delta x)}{\delta x} = 2x - 2$

一般に $f(x) = x^n$（n：正の整数）の導関数については，次の公式が得られている．

$$(x^n)' = nx^{n-1} \qquad \text{公式 (2)}$$

この公式 (2) は，n が正の整数のとき，二項定理を使って次のように証明できる．

$$(x + \delta x)^n = x^n + nx^{n-1}(\delta x) + \frac{1}{2}n(n-1)x^{n-2}(\delta x)^2 + \cdots$$
$$+ nx(\delta x)^{n-1} + (\delta x)^n$$

x^n を移項して，両辺を δx で割ると

$$\frac{(x + \delta x)^n - x^n}{\delta x} = nx^{n-1} + \frac{1}{2}n(n-1)x^{n-2}(\delta x) + \cdots +$$
$$nx(\delta x)^{n-2} + (\delta x)^{n-1}$$

極限値をとると

$$(x^n)' = \lim_{\delta x \to 0} \frac{(x + \delta x)^n - x^n}{\delta x} = nx^{n-1}$$

2.2.2 度数法と弧度法

（1） 度数法と弧度法

角度の表し方には，度数法（°）と弧度法（ラジアン）の2種類がある．

コンパスで円を描くとき，1周を $360°$ とする表し方が度数法である．

また，円弧の長さを用いて角度の大きさを表すのが弧度法である．すなわち，弧度法での表し方は図 2.1 のような半径 r の扇形の弧の長さを ℓ とするとき，中心角 θ を弧の長さと半径の比として

$$\theta = \frac{\ell}{r} \qquad (7)$$

と表すのである．このような角度の表し方が弧度法であり，弧度法で計った角度 θ の単位を rad（ラジアン；*radian*）とする．

たとえば，円弧の長さ ℓ がちょうど半径 r に等しくなったときの中心角が図 2.2 に示すように 1 rad である．

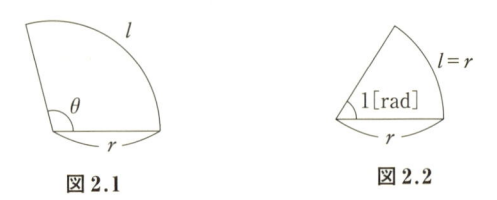

図 2.1

図 2.2

（2） 度数法（°）と弧度法（ラジアン）の換算

円を1周したときの角度が 360° であるから，半径 r の円周の長さは $\ell = 2\pi r$，ゆえに (7) 式より

$$360° = \theta = \frac{\ell}{r} = \frac{2\pi r}{r} = 2\pi \quad (\text{rad})$$

ゆえに

$$1° = \frac{2\pi}{360} = \frac{\pi}{180} = \frac{3.14159}{180} = 0.01745 \quad (\text{rad})$$

あるいは

$$1(\text{rad}) = \frac{180}{3.14159} \fallingdotseq 57.29582°$$

1章で，$\pi = 3.14159\cdots$ を求めた．

問 2.1

度はラジアンに，ラジアンは度に直せ．

① 60°　　② 90°　　③ 135°　　④ 270°

⑤ $\dfrac{\pi}{6}$　　⑥ $\dfrac{\pi}{4}$　　⑦ $\dfrac{4\pi}{3}$　　⑧ $\dfrac{3\pi}{2}$

主要な角度に対する，三角関数値を示す．

右図の直角三角形の場合

長さの比は $1, \sqrt{3}, 2$ である．

$\sin 30° = \sin \dfrac{\pi}{6} = \dfrac{1}{2}$ $\cos 30° = \cos \dfrac{\pi}{6} = \dfrac{\sqrt{3}}{2}$

$\tan 30° = \tan \dfrac{\pi}{6} = \dfrac{1}{\sqrt{3}}$

$\sin 60° = \sin \dfrac{\pi}{3} = \dfrac{\sqrt{3}}{2}$ $\cos 60° = \cos \dfrac{\pi}{3} = \dfrac{1}{2}$

$\tan 60° = \tan \dfrac{\pi}{3} = \sqrt{3}$

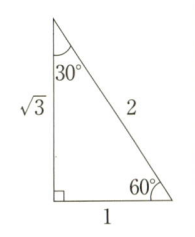

右図の直角三角形の場合

長さの比は $1, 1, \sqrt{2}$ である．

$\sin 45° = \sin \dfrac{\pi}{4} = \dfrac{1}{\sqrt{2}}$ $\cos 45° = \cos \dfrac{\pi}{4} = \dfrac{1}{\sqrt{2}}$

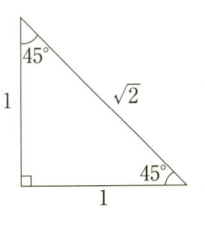

$\tan 45° = \tan \dfrac{\pi}{4} = 1$

2.2.3 三角関数の導関数

三角関数の角は弧度法で表された角とする．

$\sin x$, $\cos x$ や $\tan x$ の導関数を求めてみよう．

（1） $f(x) = \sin x$ の導関数

$$f'(x) = \lim_{\delta x \to 0} \frac{\sin(x + \delta x) - \sin x}{\delta x} = \lim_{\delta x \to 0} \frac{2\cos\left(x + \dfrac{\delta x}{2}\right)\sin\dfrac{\delta x}{2}}{\delta x}$$

$$= \lim_{\delta x \to 0} \cos\left(x + \frac{\delta x}{2}\right) \cdot \frac{\sin\frac{\delta x}{2}}{\frac{\delta x}{2}} = \cos x \cdot 1 = \cos x$$

ここで，$\displaystyle\lim_{\delta x \to 0} \frac{\sin\frac{\delta x}{2}}{\frac{\delta x}{2}} = 1$ を用いた．

$\theta = \dfrac{\delta x}{2}$ とおいて，$\displaystyle\lim_{\theta \to 0} \frac{\sin\theta}{\theta} = 1$ を導出してみよう．

図 2.3 で，$0 < \theta < \dfrac{\pi}{2}$ とし，半径 1 の円 O の周上に $\angle AOB = \theta$ となる 2 点 A,B をとる．A における円の接線と半直線 OB との交点を T とすると，面積について

$$\triangle OAB = \frac{1}{2}\sin\theta, \quad \triangle OAT = \frac{1}{2}\tan\theta, \quad 扇形 OAB = \frac{1}{2}\cdot 1^2 \cdot \theta = \frac{1}{2}\theta$$

これらの面積の大小関係から，

$$\triangle OAB < 扇形\ OAB < \triangle OAT$$

であるから，

$$\sin\theta < \theta < \tan\theta$$

各辺を $\sin\theta$ で割って逆数をとると，$\sin\theta > 0$ より

$$1 > \frac{\sin\theta}{\theta} > \cos\theta$$

ここで $\displaystyle\lim_{\theta \to 0} \cos\theta = 1$ であるから，

$$\lim_{\theta \to 0} \frac{\sin\theta}{\theta} = 1 \tag{8}$$

このように所定の値を挟み込んで求める方法を，「はさみうちの原理」という．

なお，式 (8) はべき級数を使いその極限値を求めることによっても求めることができる (p. 64 参照)．

図 2.3

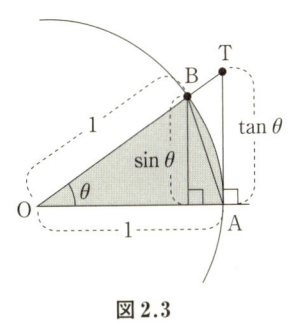

（2） $f(x) = \cos x$ の導関数

$$f'(x) = \lim_{\delta x \to 0} \frac{\cos(x+\delta x) - \cos x}{\delta x} = \lim_{\delta x \to 0} \frac{-2\sin\left(x + \frac{\delta x}{2}\right)\sin\frac{\delta x}{2}}{\delta x}$$

$$= \lim_{\delta x \to 0} -\sin\left(x + \frac{\delta x}{2}\right) \cdot \frac{\sin\frac{\delta x}{2}}{\frac{\delta x}{2}} = -\sin x$$

（3） $f(x) = \tan x$ の導関数

$$f'(x) = \lim_{\delta x \to 0} \frac{\tan(x+\delta x) - \tan x}{\delta x} = \lim_{\delta x \to 0} \frac{\frac{\sin(x+\delta x)}{\cos(x+\delta x)} - \frac{\sin x}{\cos x}}{\delta x}$$

$$= \lim_{\delta x \to 0} \frac{\sin(x+\delta x)\cos x - \cos(x+\delta x)\sin x}{\delta x \cdot \cos x \cos(x+\delta x)}$$

$$= \lim_{\delta x \to 0} \frac{\sin(x+\delta x - x)}{\delta x \cdot \cos x \cos(x+\delta x)} = \lim_{\delta x \to 0} \frac{\sin \delta x}{\delta x} \cdot \frac{1}{\cos x \cos(x+\delta x)}$$

$$= \frac{1}{\cos^2 x}$$

結果をまとめると，

$$(\sin x)' = \cos x \qquad (\cos x)' = -\sin x \qquad (\tan x)' = \frac{1}{\cos^2 x}$$

公式 (3)

これらの三角関数の導関数を求める過程において，和積や加法定理の公式を用いた．以下に示す．

（1） $\sin\alpha - \sin\beta = 2\cos\dfrac{\alpha+\beta}{2}\sin\dfrac{\alpha-\beta}{2}$

（2） $\cos\alpha - \cos\beta = -2\sin\dfrac{\alpha+\beta}{2}\sin\dfrac{\alpha-\beta}{2}$

（3） $\sin(\alpha-\beta) = \sin\alpha\cos\beta - \cos\alpha\sin\beta$

問 2.2

次の極限値を求めよ．

① $\displaystyle\lim_{\delta x \to 0}\frac{\sin 3\delta x}{\delta x}$

② $\displaystyle\lim_{\delta x \to 0}\frac{\sin\dfrac{\delta x}{2}}{\delta x}$

③ $\displaystyle\lim_{\delta x \to 0}\frac{1-\cos\delta x}{(\delta x)^2}$

④ $\displaystyle\lim_{\delta x \to 0}\frac{\tan\delta x}{5\delta x}$

⑤ $\displaystyle\lim_{\delta x \to 0}\frac{1-\cos\delta x}{\delta x\sin\delta x}$

2.2.4 対数関数の導関数

（1） ネピアの数 e

対数関数 $f(x) = \log_a x$ の導関数を求める定義式は，

$$f'(x) = \lim_{\delta x \to 0}\frac{\log_a(x+\delta x) - \log_a x}{\delta x}$$

ここで，$x=1$ における微分係数を求めると，
$$f'(1) = \lim_{\delta x \to 0} \frac{\log_a(1+\delta x) - \log_a 1}{\delta x} = \lim_{\delta x \to 0} \frac{\log_a(1+\delta x)}{\delta x}$$
$$= \lim_{\delta x \to 0} \log_a(1+\delta x)^{\frac{1}{\delta x}}$$
右辺の極限値がわかる必要がある．それゆえ，$\delta x \to 0$ に対する $(1+\delta x)^{\frac{1}{\delta x}}$ の値を実際に計算すると次の表 2.1 のようになる．

表 2.1

δx	$(1+\delta x)^{\frac{1}{\delta x}}$	δx	$(1+\delta x)^{\frac{1}{\delta x}}$
1	2		
0.1	2.59374	-0.1	2.86797
0.01	2.70481	-0.01	2.73199
0.001	2.71692	-0.001	2.71964
0.0001	2.71814	-0.0001	2.71841
0.00001	2.71826	-0.00001	2.71829
0.000001	2.71828	-0.000001	2.71828

この極限値は存在し，その値は無理数で
$$2.718281828459045\cdots$$
であることが知られている．この値を文字 e で表す．すなわち
$$\lim_{\delta x \to 0}(1+\delta x)^{\frac{1}{\delta x}} = e$$
対数関数 $\log_a x$ の $x=1$ における微分係数を e を用いて表せば
$$\lim_{\delta x \to 0} \log_a(1+\delta x)^{\frac{1}{\delta x}} = \log_a e$$
$a = e$ とすれば，$x=1$ における微分係数はちょうど 1 となる．底が e である対数を自然対数という．単に，$\log x$ と書けば，自然対数を表すものとする．

この e の値は，p.62 で示すように，べき級数展開により少数点以下

何桁でも求めることができる．

(2) 対数関数の導関数

対数関数 $f(x) = \log x$ の導関数は，次のように求められる．

$$f'(x) = \lim_{\delta x \to 0} \frac{\log(x+\delta x) - \log x}{\delta x} = \lim_{\delta x \to 0} \frac{\log\left(1 + \dfrac{\delta x}{x}\right)}{\delta x}$$

$h = \dfrac{\delta x}{x}$ とおくと，$\delta x \to 0$ のとき $h \to 0$ であるから

$$\lim_{h \to 0} \frac{\log(1+h)}{xh} = \frac{1}{x} \lim_{h \to 0} \log(1+h)^{\frac{1}{h}} = \frac{1}{x} \log e = \frac{1}{x}$$

ゆえに

$$(\log x)' = \frac{1}{x}$$

問 2.3

次の関数を微分せよ．

① $f(x) = \log 3x$　② $f(x) = \log \dfrac{x}{2}$

③ $f(x) = 2x + \log x$

---

(3) 指数関数 $f(x) = e^x$ の導関数

$$f'(x) = \lim_{\delta x \to 0} \frac{e^{x+\delta x} - e^x}{\delta x} = e^x \lim_{\delta x \to 0} \frac{e^{\delta x} - 1}{\delta x}$$

前節で e を求めたとき

$$\lim_{\delta x \to 0} (1 + \delta x)^{\frac{1}{\delta x}} = e$$

とおいた．この式で両辺を δx 乗すると

$$\lim_{\delta x \to 0} (1 + \delta x) = e^{\delta x}$$

ゆえに

$$\lim_{\delta x \to 0} (e^{\delta x} - 1) = \delta x$$

それゆえ
$$f'(x) = e^x \lim_{\delta x \to 0} \frac{e^{\delta x} - 1}{\delta x} = e^x \lim_{\delta x \to 0} \frac{\delta x}{\delta x} = e^x \cdot 1 = e^x$$
ゆえに
$$f'(x) = e^x$$

結果をまとめると

$$(\log x)' = \frac{1}{x} \qquad (e^x)' = e^x \qquad \text{公式 (4)}$$

（4） 関数 $f(x) = x^\alpha$（α：任意の実数）の導関数

公式 (2)，$(x^n)' = nx^{n-1}$ で，n が整数の場合の導関数の公式を示した．対数を利用した微分法によれば，この公式は任意の実数である場合にも適用できる．
$$f(x) = x^\alpha$$
において，両辺の対数をとれば
$$\log f(x) = \alpha \log x$$
両辺を x で微分すると
$$\frac{f'(x)}{f(x)} = \frac{\alpha}{x}$$
ゆえに
$$f'(x) = \frac{\alpha}{x} f(x) = \frac{\alpha}{x} x^\alpha = \alpha x^{\alpha-1}$$
それゆえ，任意の実数 α に対して次の公式が成立する．

$$(x^\alpha)' = \alpha x^{\alpha-1} \qquad \text{公式 (5)}$$

問 2.4

次の関数を微分せよ．

① $f(x) = \sqrt{x}$　　② $f(x) = \dfrac{1}{\sqrt{x}}$　　③ $f(x) = \dfrac{1}{\sqrt[3]{x}}$

問 2.5

次の極限値を求めよ．

① $\displaystyle\lim_{\delta x \to 0} \dfrac{\log(1+3\delta x)}{\delta x}$　　② $\displaystyle\lim_{\delta x \to 0} (1+\delta x)^{\frac{2}{\delta x}}$　　③ $\displaystyle\lim_{\delta x \to 0} (1-(\delta x)^2)^{\frac{1}{\delta x}}$

④ $\displaystyle\lim_{\delta x \to 0} \dfrac{e^{2\sin \delta x}-1}{\tan \delta x}$　　⑤ $\displaystyle\lim_{\delta x \to 0} \dfrac{\log(1+3(\delta x)^2)}{1-\cos \delta x}$

2.2.5　逆関数の微分法

（1）逆関数

関数 $f(x) = y = x^2\ (x \geq 0)$ を考える．これを x について解くと
$$x = \sqrt{y}$$
この場合，x は y の関数であるといえる．ここで，変数 x と y を入れ替える．
$$y = \sqrt{x}$$
が得られる．もとの式の x と y を入れ替えて $y = g(x)$ としたものを，もとの関数 $y = f(x)$ の逆関数という．逆関数であることを明確にするために，$f(x)$ の逆関数は $f^{-1}(x)$ と書くことにする．（$f^{-1}(x)$ は「フインバース x」と読む．）なお，$y = f(x)$ のグラフと $y = f^{-1}(x)$ のグラフは，直線 $y = x$ に関して対称である．

問 2.6

次の関数の逆関数を求めよ．

① $f(x) = 3x$ ② $f(x) = \dfrac{x}{2} - 1$

③ $f(x) = \dfrac{3x+1}{2x-1}$ ④ $f(x) = \sqrt{x+1}$

（2） 逆関数の微分法

関数 $f(x)$ が逆関数 $g(x)$ をもつとき，逆関数 $g(x)$ の導関数を求めてみよう．

$$y = g(x) \quad \text{とおけば} \quad x = f(y)$$

両辺を x について微分すると

$$1 = \dfrac{d}{dx}f(y)$$

合成関数の微分法を用いて右辺を変形すれば

$$1 = \dfrac{d}{dy}f(y) \cdot \dfrac{dy}{dx} = \dfrac{dx}{dy} \cdot \dfrac{dy}{dx}$$

ゆえに $\quad f'(x) = y' = \dfrac{dy}{dx} = \dfrac{1}{\dfrac{dx}{dy}}$ \hfill (9)

* 合成関数の微分

$$\dfrac{dy}{dx} = \dfrac{dy}{du} \cdot \dfrac{du}{dx}$$

例 2.5

逆関数の微分法の式 (9) を用いて，次の関数の導関数を求めよ．

① $y = \sqrt{x-3}$ ② $y = \log x$

【解答】

① $y = \sqrt{x-3}$ を x について解くと $\quad x = y^2 + 3$

$$\frac{dy}{dx} = \frac{1}{\dfrac{dx}{dy}} = \frac{1}{\dfrac{d}{dy}(y^2+3)} = \frac{1}{2y} = \frac{1}{2\sqrt{x-3}}$$

② $y = \log x$ で指数に戻すと　$x = e^y$

これを y で微分すると　$\dfrac{dx}{dy} = e^y = x$ であるから

$$\frac{dy}{dx} = \frac{1}{\dfrac{dx}{dy}} = \frac{1}{x}$$

（3）逆三角関数の導関数

（i）正弦関数 $f(x) = y = \sin x$ の逆関数を逆正弦関数といい，$y = \sin^{-1} x$ と書く．（ここで $\sin^{-1} x$ を「アークサイン x」と読む．）すなわち

$$y = \sin^{-1} x \quad (-1 \leq x \leq 1)$$

x について解くと

$$x = \sin y \quad \left(-\frac{\pi}{2} \leq y \leq \frac{\pi}{2}\right)$$

これを y で微分すると

$$\frac{dx}{dy} = \cos y = \sqrt{1 - \sin^2 y} = \sqrt{1 - x^2}$$

ゆえに

$$\frac{dy}{dx} = \frac{1}{\dfrac{dx}{dy}} = \frac{1}{\sqrt{1-x^2}}$$

（ii）正接関数 $y = \tan x$ の逆関数を逆正接関数といい，$y = \tan^{-1} x$ と書く．

すなわち $f(x) = y = \tan^{-1} x$

x について解くと　$x = \tan y$

これを y で微分すると

$$\frac{dx}{dy} = \frac{1}{\cos^2 y} = \frac{\sin^2 y + \cos^2 y}{\cos^2 y} = \tan^2 y + 1 = x^2 + 1$$

ゆえに

$$\frac{dy}{dx} = \frac{1}{\frac{dx}{dy}} = \frac{1}{1+x^2}$$

逆三角関数の導関数

$$(\sin^{-1} x)' = \frac{1}{\sqrt{1-x^2}} \qquad (\cos^{-1} x) = -\frac{1}{\sqrt{1-x^2}}$$

$$(\tan^{-1} x)' = \frac{1}{1+x^2} \qquad\qquad\qquad 公式\,(6)$$

例 2.6

$\sin^{-1} x + \cos^{-1} x = \dfrac{\pi}{2}$ であることを証明せよ．

【解答】

$t = \sin^{-1} x$ とおくと,

$$x = \sin t = \cos\left(\frac{\pi}{2} - t\right)$$

ゆえに,

$$\frac{\pi}{2} - t = \cos^{-1} x$$

上式に，$t = \sin^{-1} x$ を代入して，整理すると

$$\sin^{-1} x + \cos^{-1} x = \frac{\pi}{2}$$

問 2.7

公式 (6) の $(\cos^{-1} x)' = -\dfrac{1}{\sqrt{1-x^2}}$ を導け.

なお，p.47 の囲みより，逆三角関数値は次のようである.

$$\sin^{-1}\frac{1}{2} = \frac{\pi}{6} \qquad \cos^{-1}\frac{\sqrt{3}}{2} = \frac{\pi}{6} \qquad \tan^{-1}\frac{1}{\sqrt{3}} = \frac{\pi}{6}$$

$$\sin^{-1}\frac{1}{\sqrt{2}} = \frac{\pi}{4} \qquad \cos^{-1}\frac{1}{\sqrt{2}} = \frac{\pi}{4} \qquad \tan^{-1} 1 = \frac{\pi}{4}$$

$$\sin^{-1}\frac{\sqrt{3}}{2} = \frac{\pi}{3} \qquad \cos^{-1}\frac{1}{2} = \frac{\pi}{3} \qquad \tan^{-1}\sqrt{3} = \frac{\pi}{3}$$

2.3 マクローリン展開

2.3.1 n の階乗 $n!$

$n!$ は n（n は整数）以下の数の積となる．すなわち

$$n! = n \times (n-1) \times (n-2) \times \cdots\cdots \times 2 \times 1$$

例で計算に慣れよう．

例 2.7

① $0! = 1$ ② $1! = 1$ ③ $2! = 2 \times 1 = 2$
④ $3! = 3 \times 2 \times 1 = 6$ ⑤ $4! = 4 \times 3 \times 2 \times 1 = 24$
⑥ $5! = 5 \times 4 \times 3 \times 2 \times 1 = 120$
⑦ $6! = 6 \times 5 \times 4 \times 3 \times 2 \times 1 = 720$
⑧ $7! = 7 \times 6 \times 5 \times 4 \times 3 \times 2 \times 1 = 5040$

⑨ $8! = 8 \times 7 \times 6 \times 5 \times 4 \times 3 \times 2 \times 1 = 40320$
⑩ $9! = 9 \times 8 \times 7 \times 6 \times 5 \times 4 \times 3 \times 2 \times 1 = 362880$
⑪ $10! = 10 \times 9 \times 8 \times 7 \times 6 \times 5 \times 4 \times 3 \times 2 \times 1 = 3628800$

問 2.8

① $13!$ を求めよ．

② $6! \times 3!$ を求めよ．

③ $12! - 8!$ を求めよ．

④ $9! + 4! - 7!$ を求めよ．

⑤ $\dfrac{5! \times 5! \times 3!}{8!}$ を求めよ．

⑥ $4! \times (7! - 6!)$ を求めよ．

⑦ $\dfrac{9! - 4!}{5!}$ を求めよ．

2.3.2 マクローリン展開

関数 $f(x)$ を次式のような x のべき（冪）級数で表すことにする．
$$f(x) = a_0 + a_1 x + a_2 x^2 + a_3 x^3 + a_4 x^4 + a_5 x^5 + \cdots + a_n x^n + \cdots \tag{10}$$

① (10) 式で，$x = 0$ とおくと $\qquad a_0 = f(0)$

② (10) 式を微分する．
$$f'(x) = a_1 \cdot 1 + a_2 \cdot 2 \cdot 1 x + a_3 \cdot 3 \cdot 1 x^2 + a_4 \cdot 4 \cdot 1 x^3 + a_5 \cdot 5 \cdot 1 x^4 + \cdots + a_n \cdot n \cdot 1 x^{n-1} + \cdots \tag{11}$$

(11) 式で，$x = 0$ とおくと $\qquad a_1 = \dfrac{f'(0)}{1!}$

③ (11) 式を微分する．
$$f''(x) = a_2 \cdot 2 \cdot 1 + a_3 \cdot 3 \cdot 2 \cdot 1 x + a_4 \cdot 4 \cdot 3 \cdot 1 x^2 + a_5 \cdot 5 \cdot 4 \cdot 1 x^3 + \cdots +$$

$$a_n \cdot n(n-1)x^{n-2} + \cdots \qquad (12)$$

(12)式で，$x=0$ とおくと $\qquad a_2 = \dfrac{f''(0)}{2!}$

④ (12)式を微分する．
$$f'''(x) = a_3 \cdot 3 \cdot 2 \cdot 1 + a_4 \cdot 4 \cdot 3 \cdot 2 \cdot 1 x + a_5 \cdot 5 \cdot 4 \cdot 3 \cdot 1 x^2 + \cdots +$$
$$a_n \cdot n(n-1)(n-2)x^{n-3} + \cdots \qquad (13)$$

(13)式で，$x=0$ とおくと $\qquad a_3 = \dfrac{f'''(0)}{3!}$

⑤ (13)式を微分する．
$$f''''(x) = a_4 \cdot 4 \cdot 3 \cdot 2 \cdot 1 + a_5 \cdot 5 \cdot 4 \cdot 3 \cdot 2 \cdot 1 x + \cdots +$$
$$a_n \cdot n(n-1)(n-2)(n-3)x^{n-4} + \cdots \qquad (14)$$

(14)式で，$x=0$ とおくと $\qquad a_4 = \dfrac{f''''(0)}{4!}$

⑥ (14)式を微分する．
$$f^{(5)}(x) = a_5 \cdot 5 \cdot 4 \cdot 3 \cdot 2 \cdot 1 + a_6 \cdot 6 \cdot 5 \cdot 4 \cdot 3 \cdot 1 x + \cdots +$$
$$a_n \cdot n(n-1)(n-2)(n-3)(n-4)x^{n-5} + \cdots \qquad (15)$$

(15)式で，$x=0$ とおくと $\qquad a_5 = \dfrac{f^{(5)}(0)}{5!}$

同様にしていくと
$$a_n = \dfrac{f^{(n)}(0)}{n!}$$

これらを (10) 式に代入すると
$$f(x) = f(0) + \dfrac{f'(0)}{1!}x + \dfrac{f''(0)}{2!}x^2 + \dfrac{f'''(0)}{3!}x^3 + \cdots + \dfrac{f^{(n)}(0)}{n!}x^n + \cdots$$

これがマクローリン展開である．

マクローリン展開

$$f(x) = f(0) + \frac{f'(0)}{1!}x + \frac{f''(0)}{2!}x^2 + \frac{f'''(0)}{3!}x^3 + \cdots +$$

$$\frac{f^{(n)}(0)}{n!}x^n + \cdots \qquad \text{公式 (7)}$$

2.3.3 基本的な関数のマクローリン展開

（1） $(1+x)^\alpha$ ただし，α は実数とする．

$f(x) = (1+x)^\alpha$　　　　　　　　$f(0) = 1$
$f'(x) = \alpha(1+x)^{\alpha-1}$　　　　　　$f'(0) = \alpha$
$f''(x) = \alpha(\alpha-1)(1+x)^{\alpha-2}$　　　$f''(0) = \alpha(\alpha-1)$
$f'''(x) = \alpha(\alpha-1)(\alpha-2)(1+x)^{\alpha-3}$　$f'''(0) = \alpha(\alpha-1)(\alpha-2)$

以上より，一般に

$$f^{(n)}(x) = \alpha(\alpha-1)(\alpha-2)\cdots(\alpha-n+1)(1+x)^{\alpha-n}$$
$$f^{(n)}(0) = \alpha(\alpha-1)(\alpha-2)\cdots(\alpha-n+1)$$

ゆえに

$$(1+x)^\alpha = 1 + \alpha x + \frac{\alpha(\alpha-1)}{2!}x^2 + \frac{\alpha(\alpha-1)(\alpha-2)}{3!}x^3 + \cdots$$

公式 (2.1)

（2） $\sin x$

$f(x) = \sin x$　　　　$f(0) = 0$
$f'(x) = \cos x$　　　　$f'(0) = 1$
$f''(x) = -\sin x$　　　$f''(0) = 0$
$f'''(x) = -\cos x$　　 $f'''(0) = -1$
$f^{(4)}(x) = \sin x$　　　$f^{(4)}(0) = 0$

以下はこれの繰り返しであるから，

ゆえに

$$\sin x = x - \frac{1}{3!}x^3 + \frac{1}{5!}x^5 - \frac{1}{7!}x^7 + \cdots \qquad 公式\ (2.2)$$

（3） $\cos x$

$$\begin{aligned}
f(x) &= \cos x & f(0) &= 1 \\
f'(x) &= -\sin x & f'(0) &= 0 \\
f''(x) &= -\cos x & f''(0) &= -1 \\
f'''(x) &= \sin x & f'''(0) &= 0 \\
f^{(\mathrm{iv})}(x) &= \cos x & f^{(\mathrm{iv})}(0) &= 1
\end{aligned}$$

以下はこれの繰り返しであるから，
ゆえに

$$\cos x = 1 - \frac{1}{2!}x^2 + \frac{1}{4!}x^4 - \frac{1}{6!}x^6 + \cdots \qquad 公式\ (2.3)$$

（4） e^x

$$\begin{aligned}
f(x) &= e^x & f(0) &= 1 \\
f'(x) &= e^x & f'(0) &= 1 \\
f''(x) &= e^x & f''(0) &= 1 \\
f^{(n)}(x) &= e^x & f^{(n)}(0) &= 1
\end{aligned}$$

以下もこれの繰り返しであるから，
ゆえに

$$e^x = 1 + x + \frac{1}{2!}x^2 + \frac{1}{3!}x^3 + \cdots \qquad 公式\ (2.4)$$

なお，公式 (2.4) で $x=1$ とすると

$$e = 1 + 1 + \frac{1}{2!} + \frac{1}{3!} + \frac{1}{4!} + \frac{1}{5!} + \frac{1}{6!} + \frac{1}{7!} + \cdots$$

右辺第7項までの和から，e の値を求めると

$$e = 1 + 1 + \frac{1}{2!} + \frac{1}{3!} + \frac{1}{4!} + \frac{1}{5!} + \frac{1}{6!}$$

$$=1+1+\frac{1}{2}+\frac{1}{6}+\frac{1}{24}+\frac{1}{120}+\frac{1}{720}$$
$$=2.7180553$$

この値は小数点以下第3位まで一致し，p.51で求めた表2.1の値とほぼ一致している．

例2.8

2乗すると -1 になる虚数単位 i を用いると（すなわち $i^2=-1$），実数 x に対して次のオイラーの公式が定義できる．すなわち

$$e^{ix}=\cos x+i\sin x$$

この公式を用いて，公式 (2.4) から公式 (2.2) と公式 (2.3) を求めよ．

【解答】

公式 (2.4) で x を ix と置き換えると

$$e^{ix}=1+(ix)+\frac{1}{2!}(ix)^2+\frac{1}{3!}(ix)^3+\frac{1}{4!}(ix)^4+\frac{1}{5!}(ix)^5+\cdots$$

$i^2=-1$ を考慮して i を含む項と i を含まない項に分けると

$$\cos x+i\sin x=\left(1-\frac{1}{2!}x^2+\frac{1}{4!}x^4-\cdots\right)+i\left(x-\frac{1}{3!}x^3+\frac{1}{5!}x^5-\cdots\right)$$

ゆえに

$$\cos x=1-\frac{1}{2!}x^2+\frac{1}{4!}x^4-\cdots$$

$$\sin x=x-\frac{1}{3!}x^3+\frac{1}{5!}x^5-\cdots$$

(5) $\log(1+x)$

$f(x)=\log(1+x)$ $\qquad$ $f(0)=\log 1=0$

$f'(x)=\dfrac{1}{1+x}=(1+x)^{-1}$ $\qquad$ $f'(0)=1$

$$f''(x) = -(1+x)^{-2} = -\frac{1}{(1+x)^2} \qquad f''(0) = -1$$

$$f'''(x) = 2(1+x)^{-3} = \frac{1 \cdot 2}{(1+x)^3} \qquad f'''(0) = 2!$$

$$f^{(4)}(x) = -3!(1+x)^{-4} = -\frac{3!}{(1+x)^4} \qquad f^{(4)}(0) = -3!$$

$$f^{(5)}(x) = 4!(1+x)^{-5} = \frac{4!}{(1+x)^5} \qquad f^{(5)}(0) = 4!$$

以下もこれの繰り返しだから,
ゆえに

$$\log(1+x) = x - \frac{1}{2}x^2 + \frac{1}{3}x^3 - \frac{1}{4}x^4 + \cdots \qquad 公式 (2.5)$$

例 2.9

べき級数を使って, 次の極限値を求めよ.

① $\displaystyle\lim_{x \to 0} \frac{\sin x}{x}$ ② $\displaystyle\lim_{x \to 0} \frac{1 - \cos x}{x}$ ③ $\displaystyle\lim_{x \to 0} \frac{e^x - 1}{x}$

【解答】

① 公式 (2.2) より

$$\sin x = x - \frac{1}{3!}x^3 + \frac{1}{5!}x^5 - \frac{1}{7!}x^7 + \cdots$$

両辺を x で割ると

$$\frac{\sin x}{x} = 1 - \frac{1}{3!}x^2 + \frac{1}{5!}x^4 - \frac{1}{7!}x^6 + \cdots$$

極限値をとると

$$\lim_{x \to 0} \frac{\sin x}{x} = \lim_{x \to 0} \left(1 - \frac{1}{3!}x^2 + \frac{1}{5!}x^4 - \frac{1}{7!}x^6 + \cdots\right) = 1$$

この問題は, p.48 で「はさみうちの原理」を用いて解いた.

② 公式 (2.3) より
$$\cos x = 1 - \frac{1}{2!}x^2 + \frac{1}{4!}x^4 - \frac{1}{6!}x^6 + \cdots$$

1 を左辺に移行し，両辺を－倍すると
$$1 - \cos x = \frac{1}{2!}x^2 - \frac{1}{4!}x^4 + \frac{1}{6!}x^6 - \cdots$$

両辺を x で割り，極限値をとると
$$\lim_{x \to 0} \frac{1 - \cos x}{x} = \lim_{x \to 0} \left(\frac{1}{2!}x - \frac{1}{4!}x^3 + \frac{1}{6!}x^5 - \cdots \right) = 0$$

③ 公式 (2.4) より
$$e^x = 1 + x + \frac{1}{2!}x^2 + \frac{1}{3!}x^3 + \frac{1}{4!}x^4 + \cdots$$

右辺第 1 項の 1 を左辺に移行し，両辺を x で割ると
$$\frac{e^x - 1}{x} = 1 + \frac{1}{2!}x + \frac{1}{3!}x^2 + \cdots$$

極限値をとると
$$\lim_{x \to 0} \frac{e^x - 1}{x} = \lim_{x \to 0} \left(1 + \frac{1}{2!}x + \frac{1}{3!}x^2 + \frac{1}{4!}x^3 + \cdots \right) = 1$$

問 2.9

次の関数をべき級数に展開せよ．

① $\dfrac{1}{x^2 - x + 1}$ ② $\log(1 + x + x^2)$ ③ $x \sin 2x$

④ $\sin x^2$ ⑤ xe^{2x} ⑥ $\log \dfrac{1+x}{1-x}$

3 πを導出するために必要な積分

3.1 積分の基本公式

前章で求めたように,微分すると $f(x)$ になる関数,すなわち
$$F'(x) = f(x)$$
であるような関数 $F(x)$ を,関数 $f(x)$ の原始関数という.また,関数 $f(x)$ の原始関数を不定積分ともいい,記号 $\int f(x)dx$ で表す.すなわち
$$\int f(x)dx = F(x) + C$$
C を積分定数という.$f(x)$ の不定積分を求めることを,$f(x)$ を x について積分する,または,単に積分するという.

なお,不定積分を求めることは,微分することの逆であるから前章で求めた公式に対応していろいろな関数の不定積分の公式が得られる.
$$(x^{\alpha+1})' = (\alpha+1)x^\alpha, \quad (\log|x|)' = \frac{1}{x}$$
であったから,次の公式が得られる.

$$\alpha \neq -1 \text{ のとき} \quad \int x^\alpha dx = \frac{1}{\alpha+1}x^{\alpha+1} + C$$

$$\alpha = -1 \text{ のとき} \quad \int x^{-1}dx = \int \frac{1}{x}dx = \log|x| + C$$

公式 (8)

問 3.1

次の不定積分を求めよ.

① $\int x^2 dx$ ② $\int \frac{1}{x^2} dx$

③ $\int x\sqrt{x}\, dx$ ④ $\int \frac{2}{x} dx$

3.2 三角関数や指数関数の不定積分

三角関数については,$(-\cos x)' = \sin x$ などから
指数関数についても,$(e^x)' = e^x$ であったから
次の公式が得られる.

$$\int \sin x\, dx = -\cos x + C \quad \int \cos x\, dx = \sin x + C$$

$$\int \frac{1}{\cos^2 x} dx = \tan x + C \quad \int e^x dx = e^x + C$$

公式 (9)

問 3.2

次の不定積分を求めよ．

① $\displaystyle\int -2\sin x\,dx$ ② $\displaystyle\int \frac{1-\cos^3 x}{\cos^2 x}dx$

③ $\displaystyle\int (2\sin x - 3\cos x)dx$ ④ $\displaystyle\int \left(\frac{1}{3}e^x - 2\right)dx$

3.3 逆関数の不定積分

逆関数についても $(\sin^{-1} x)' = \dfrac{1}{\sqrt{1-x^2}}$ などから

$$\int \frac{1}{\sqrt{1-x^2}}dx = \sin^{-1} x + C \qquad \int -\frac{1}{\sqrt{1-x^2}}dx = \cos^{-1} x + C$$

$$\int \frac{1}{1+x^2}dx = \tan^{-1} x + C \qquad\qquad\qquad 公式 (10)$$

問 3.3

次の不定積分を求めよ．

① $\displaystyle\int \frac{1}{\sqrt{4-4x^2}}dx$ ② $\displaystyle\int \frac{2}{1+x^2}dx$

3.4　逆関数とべき級数の積分

前節の公式 (10) より，
$$\sin^{-1} x = \int \frac{1}{\sqrt{1-x^2}} dx \qquad \tan^{-1} x = \int \frac{1}{1+x^2} dx$$
であった．ここで，積分定数 C は省略した．

また，(2.3.3) 項の公式 (2.1) を再掲し，あらためて公式 (3.1) とする．

$$(1+x)^\alpha = 1 + \alpha x + \frac{\alpha(\alpha-1)}{2!}x^2 + \frac{\alpha(\alpha-1)(\alpha-2)}{3!}x^3 + \cdots$$

公式 (3.1)

(1)　公式 (3.1) で，x に $-x^2$ を，α に $-\frac{1}{2}$ を代入すると

$$(1-x^2)^{-\frac{1}{2}} = \frac{1}{\sqrt{1-x^2}} = 1 + \frac{1}{2}x^2 + \frac{\left(-\frac{1}{2}\right)\left(-\frac{1}{2}-1\right)}{2!}(-x^2)^2 +$$

$$\frac{\left(-\frac{1}{2}\right)\left(-\frac{1}{2}-1\right)\left(-\frac{1}{2}-2\right)}{3!}(-x^2)^3 + \cdots$$

$$= 1 + \frac{1}{2}x^2 + \frac{1 \cdot 3}{2^2 \cdot 2!}x^4 + \frac{1 \cdot 3 \cdot 5}{2^3 \cdot 3!}x^6 + \cdots$$

よって

$$\frac{1}{\sqrt{1-x^2}} = 1 + \frac{1}{2}x^2 + \frac{1 \cdot 3}{2^2 \cdot 2!}x^4 + \frac{1 \cdot 3 \cdot 5}{2^3 \cdot 3!}x^6 + \cdots$$

上式を積分すると

$$\int \frac{1}{\sqrt{1-x^2}} dx = \int \left(1 + \frac{1}{2}x^2 + \frac{1 \cdot 3}{2^2 \cdot 2!}x^4 + \frac{1 \cdot 3 \cdot 5}{2^3 \cdot 3!}x^6 + \cdots\right) dx$$

それゆえ

$$\sin^{-1} x = x + \frac{1}{2 \cdot 3}x^3 + \frac{1 \cdot 3}{2^2 \cdot 2! \cdot 5}x^5 + \frac{1 \cdot 3 \cdot 5}{2^3 \cdot 3! \cdot 7}x^7 + \cdots \quad \text{公式 (3.2)}$$

1.1.1 項で，この公式 (3.2) を用いて π の値を計算した．

(2) 同様に，公式 (3.1) で，x に x^2 を，α に -1 を代入すると

$$(1+x^2)^{-1} = \frac{1}{1+x^2} = 1 - x^2 + \frac{(-1)(-1-1)}{2!}x^4 - \frac{(-1)(-1-1)(-1-2)}{3!}x^6 + \cdots$$

$$= 1 - x^2 + x^4 - x^6 + \cdots$$

よって積分すると

$$\int (1+x^2)^{-1} dx = \int \frac{1}{1+x^2} dx = \int (1 - x^2 + x^4 - x^6 + \cdots) dx$$

それゆえ

$$\tan^{-1} x = x - \frac{1}{3}x^3 + \frac{1}{5}x^5 - \frac{1}{7}x^7 + \cdots \qquad 公式\ (3.3)$$

1.1.2 項で，この公式 (3.3) を用いて，π の値を計算した．

(3) 積分しない場合，公式 (3.1) で，$\alpha = \frac{1}{2}$ とすると

$$(1+x)^{\frac{1}{2}} = \sqrt{1+x} = 1 + \frac{1}{2}x + \frac{\frac{1}{2}\left(\frac{1}{2}-1\right)}{2!}x^2 + \frac{\frac{1}{2}\left(\frac{1}{2}-1\right)\left(\frac{1}{2}-2\right)}{3!}x^3 + \cdots$$

式を整理すると

$$\sqrt{1+x} = 1 + \frac{1}{2}x - \frac{1}{8}x^2 + \frac{1}{16}x^3 - \cdots \qquad 公式\ (3.4)$$

公式 (3.2), (3.3) から π の値を，公式 (3.4) から $\sqrt{}$ の近似値を求めていくことにする．

4　近次式と近似値

　この章では，これまでに導出した公式から近次式や近似値を求めることにする．なお，これらの式や値は $|x|$ の小さい範囲に限られる．

4.1　関数 $f(x) = \sqrt{1+x}$

　p.71 で導出した公式 (3.4) から近似式を求めることにする．公式 (3.4) を以下に示す．

$$\sqrt{1+x} = 1 + \frac{1}{2}x - \frac{1}{8}x^2 + \frac{1}{16}x^3 - \cdots \tag{3.4}$$

（1）1次近次式

　$|x|$ が十分小さいときの1次近似式は，公式 (3.4) で右辺第2項までをとって次式となる．

$$\sqrt{1+x} \doteqdot 1 + \frac{1}{2}x$$

それゆえ，1次近次式は直線となる．

（ⅰ）$x = \dfrac{1}{100}$ のときの，$\sqrt{1+x}$ と $1 + \dfrac{1}{2}x$ の値をそれぞれ求めよ．

$$\sqrt{1+x} = \sqrt{1+\frac{1}{100}} = \sqrt{\frac{101}{100}} = \frac{\sqrt{101}}{10} = 1.00498756$$

$$1 + \frac{1}{2}x = 1 + \frac{1}{2} \times \frac{1}{100} = 1.005$$

これより，有効数字 4 ケタの精度で一致することがわかる．

(ⅱ) $x = \dfrac{1}{10}$ のときの，$\sqrt{1+x}$ と $1 + \dfrac{1}{2}x$ の値をそれぞれ求めよ．

$$\sqrt{1+x} = \sqrt{1+\dfrac{1}{10}} = \sqrt{\dfrac{11}{10}} = \sqrt{\dfrac{110}{100}} = \dfrac{\sqrt{110}}{10} = 1.048808$$

$$1 + \dfrac{1}{2}x = 1 + \dfrac{1}{2} \times \dfrac{1}{10} = \dfrac{21}{20} = 1.05$$

これより，有効数字 3 ケタの精度で一致するが，(ⅰ) よりも精度が悪くなることがわかる．

(2) 2 次近次式

$|x|$ が十分小さいときの 2 次近次式は，公式 (3.4) の右辺第 3 項までをとって次式となる．

$$\sqrt{1+x} = 1 + \dfrac{1}{2}x - \dfrac{1}{8}x^2$$

それゆえ，2 次近次式は放物線となる．

(ⅲ) $x = \dfrac{1}{100}$ のときの，$\sqrt{1+x}$ と $1 + \dfrac{1}{2}x - \dfrac{1}{8}x^2$ の値をそれぞれ求めよ．

(ⅲ) より，$\sqrt{1+x} = \sqrt{1 + \dfrac{1}{100}} = 1.00498756$

$$1 + \dfrac{1}{2}x - \dfrac{1}{8}x^2 = 1 + \dfrac{1}{2} \times \dfrac{1}{100} - \dfrac{1}{8} \times \left(\dfrac{1}{100}\right)^2 = 1.00498750$$

これより，有効数字 8 ケタの精度で一致し，(ⅰ) よりもはるかに良い精度であることがわかる．

4.2 関数 $f(x) = e^x$

p.62 で導出した e^x のべき級数による公式は次式である．

$$e^x = 1 + x + \dfrac{1}{2!}x^2 + \dfrac{1}{3!}x^3 + \cdots \tag{2.4}$$

(1) 1次近似式

$|x|$ が十分小さいときの 1 次近次式は，公式 (2.4) の右辺第 2 項までをとって次式となる．

$$e^x = 1 + x$$

1 次近次式は直線となる．

(iv) $x = \dfrac{1}{100}$ のときの，e^x と $1 + x$ の値をそれぞれ求めよ．

$$e^x = e^{\frac{1}{100}} = 1.010492$$

$$1 + x = 1 + \frac{1}{100} = 1.01$$

これより，有効数字 3 ケタの精度で一致することがわかる．

(v) $x = \dfrac{1}{10}$ のときの，e^x と $1 + x$ の値をそれぞれ求めよ．

$$e^x = e^{\frac{1}{10}} = 1.115390$$

$$1 + x = 1 + \frac{1}{10} = 1.1$$

これより，有効数字 2 ケタで一致することがわかる．

(2) 2次近次式

$|x|$ が十分小さいときの 2 次近次式は，公式 (2.4) の右辺第 3 項までをとって次式となる．

$$e^x = 1 + x + \frac{1}{2!}x^2$$

2 次近次式は放物線となる．

(vi) $x = \dfrac{1}{100}$ のときの，e^x と $1 + x + \dfrac{1}{2!}x^2$ の値をそれぞれ求めよ．

$$e^x = e^{\frac{1}{100}} = 1.010492$$

$$1 + x + \frac{1}{2!}x^2 = 1 + \frac{1}{100} + \frac{1}{2} \times \left(\frac{1}{100}\right)^2 = 1.01005$$

これより，有効数字 4 ケタの精度で一致し，(iv) よりも精度が良くなることがわかる．

4.3 関数 $f(x) = \sin x$

関数 $f(x) = \sin x$ のべき級数は，p.62 公式 (2.2) より，

$$\sin x = x - \frac{1}{3!}x^3 + \frac{1}{5!}x^5 - \cdots \tag{2.2}$$

$|x|$ が十分小さいとき，

（1） 1 次近次式

公式 (2.2) で右辺第 1 項までをとって次式となる．

$$\sin x \fallingdotseq x$$

(vii) $x = \dfrac{1}{100}$ のときの，$\sin x$ と x の値をそれぞれ求めよ．

$$\sin x = \sin \frac{1}{100} = 0.010026$$

$$x = \frac{1}{100} = 0.01$$

これより，有効数字 3 ケタまで一致することがわかる．工学系では，1 次近次式までをよく利用している．

(viii) $x = \dfrac{1}{10}$ のときの，$\sin x$ と x の値をそれぞれ求めよ．

$$\sin x = \sin \frac{1}{10} = 0.099871$$

$$x = \frac{1}{10} = 0.1$$

（2） 3 次近次式

3 次近次式は，公式 (2.2) の右辺第 2 項までをとって次式となる．

$$\sin x \fallingdotseq x - \frac{1}{3!}x^3 = x - \frac{1}{6}x^3$$

(ix) $x = \dfrac{1}{100}$ のときの，$\sin x$ と $x - \dfrac{1}{6}x^3$ の値をそれぞれ求めよ．

(vii) より, $\sin x = \sin \dfrac{1}{100} = 0.010026$

$$x - \dfrac{1}{6}x^3 = \dfrac{1}{100} - \dfrac{1}{6} \times \left(\dfrac{1}{100}\right)^3 = 0.009999834$$

これより, (vii) よりも, 精度が良くなることがわかる.

4.4 関数 $f(x) = \cos x$

関数 $f(x) = \cos x$ のべき級数は, p.62 公式 (2.3) より

$$\cos x = 1 - \dfrac{1}{2!}x^2 + \dfrac{1}{4!}x^4 - \cdots \tag{2.3}$$

$|x|$ が十分小さいとき

(1) 右辺第 1 項までをとって,

$$\cos x \doteqdot 1$$

(x) $x = \dfrac{1}{100}$ のときの, $\cos x$ の値を求めよ.

$$\cos x = \cos \dfrac{1}{100} = 0.99993$$

となり, ほぼ 1 である. 工学系では, $\cos x \doteqdot 1$ と近似している.

(2) 2 次近次式

2 次近次式は, 公式 (2.3) の右辺第 2 項までをとって次式となる.

$$\cos x = 1 - \dfrac{1}{2!}x^2 = 1 - \dfrac{1}{2}x^2$$

(xi) $x = \dfrac{1}{100}$ のときの, $\cos x$ と $1 - \dfrac{1}{2}x^2$ の値をそれぞれ求めよ.

$$\cos x = \cos \dfrac{1}{100} = 0.99993$$

$$1 - \dfrac{1}{2}x^2 = 1 - \dfrac{1}{2} \times \left(\dfrac{1}{100}\right)^2 = 0.99995$$

これより, 有効数字 5 ケタまで一致することがわかる. しかし, (x)

の結果とあまり変わらないから, $f(x) = \cos x$ の場合は $|x|$ が小さい時は $\cos x \fallingdotseq 1$ としてよい.

4.5 平方根の求め方

（１） 解法１―開平法

例に習って行ってみよう.

例 4.1

$\sqrt{6784462.09}$ を求めよ.

```
    2          2
            √67̄ 8̄4̄ 4̄6̄ 2̄.0̄9̄
            4
            2
```

① 小数点を基準にして２ケタずつに数字を分ける．区切りを入れる．

② 一番左の区切りの数字６に着目し，６以下の平方数で最も大きいものを探すと $2^2 = 4$ である．この２が平方根の最上位の数字になる．この２を６の上と左横に書く．また，$2^2 = 4$, ４を６の下に書き, $6 - 4 = 2$ を計算する．

```
     2            2 6
    +2           √67̄ 8̄4̄ 4̄6̄ 2̄.0̄9̄
    46           4
    + 6           278
    52            276
                   2
```

③ $6 - 4 = 2$ の２の横に，次の区切りから, 78を下ろし, 278とする．また左横の２に同じ数２の足し算を縦方向にする．４を書く．

```
     2            2 6 0
    +2           √67̄ 8̄4̄ 4̄6̄ 2̄.0̄9̄
    46           4
    + 6           278
    520           276
    + 0           244
    520
```

④ 左横の足し算の４を十の位とする．一の位の数は本計算で下した278に最も近くなる40台の数を選ぶ．６となる．この６を２か所に置く．すなわち，区切りの78の８の上と左横の４

の右横におく．46 となる．$6 \times 46 =$ 276．この 276 を 278 の下に書き，引き算をすると 2 となる．左横の 46 の 6 の下に同じ 6 を書き，足し算を行う．52 となる．

```
    2           2 6 0 4.
   +2         √6784462.09
    46          4
   + 6          278
    520         276
   + 0          24462
    5204        20816
                 3646
```

⑤ 本計算上で 2 の右横に上の区切りの 44 を下ろす．244 となる．左横の 52 を 3 ケタにする．5 百 2 十となる．244 は 5 百 2 十で割れないから，2 か所に 0 をおく．すなわち，本計算の 44 の上と左横に書いた 52 の右横に 0 をいれる．520 となる．520 の 0 の下に 0 をおき，足し算する．520 のままである．520 を 4 ケタの数にする．5 千 2 百 0 十となる．本計算上で，244 の右横に上からの区切りの 62 を下ろす．24462 となる．24462 を 5 千 2 百 0 十で割り切れる数は 4 である．この 4 を区切りの 62 の 2 の上に書く．また，左横 520 の右横に 4 を置き，5204 とする．$5204 \times 4 = 20816$ であるから，引き算 $24462 - 20816 = 3646$ を行う．

```
    2           2 6 0 4. 7
   +2         √6784462.09
    46          4
   + 6          278
    520         276
   + 0          24462
    5204        20816
   + 4          3646 09
    52087       3646 09
                     0
```

⑥ 2604 に小数点をつける．2604．になる．3646 の右横に区切りから 09 をおろす．364609 となる．また，左横の数字 5204 の 4 の下に 4 をおき，$5204 + 4 = 5208$ と書く．10 倍して 5 万 2 千 8 十とし，364609 を 5 万 2 千 8 十で割れ

る数字を探る．7である．

⑦　この7を最後の区切りの09の9の上と左横の5208の8の右横に書く．52087となる．7×52087を計算すると364609となるから，この数字を364609の下に書いて引き算すれば，0となる．

⑧　それゆえ，答えは2604.7である．

問 4.1

平方根を求めよ．
① $\sqrt{1521}$　　② $\sqrt{646416}$　　③ $\sqrt{16900}$

問 4.2

平方根を求めよ．
① $\sqrt{90.25}$　　② $\sqrt{2134.44}$　　③ $\sqrt{61.7796}$

（2）　解法2―べき級数による解法

べき級数を使って，平方根を求めることにする．p.71 公式 (3.4) より

$$\sqrt{1+x} = 1 + \frac{1}{2}x - \frac{1}{8}x^2 + \frac{1}{16}x^3 - \frac{5}{128}x^4 + \cdots \quad (-1 < x \leq 1)$$

(3.4-1)

また，上式で，x を $-x$ で置き換えると，

$$\sqrt{1-x} = 1 - \frac{1}{2}x - \frac{1}{8}x^2 - \frac{1}{16}x^3 - \frac{5}{128}x^4 + \cdots \quad (-1 < x \leq 1)$$

(3.4-2)

4.5 平方根の求め方

$s = \sqrt{2} = 1.414213562373\cdots$ の近似値を小数点以下第8位までを，上式 (3.4-1), (3.4-2) を使って求めよう．ただし，最大，右辺第5項までの和を s_5 とする．

(i) 式(3.4-1) を使った解法

① $\sqrt{2} = \sqrt{1.96 + 0.04} = \sqrt{1.96\left(1 + \dfrac{0.04}{1.96}\right)} = \sqrt{1.4^2\left(1 + \dfrac{1}{49}\right)} = \dfrac{7}{5}\sqrt{1 + \dfrac{1}{49}}$ と変形する．この変形は (3.4) 式，$\sqrt{1+x}$ の形にするためである．また $x = \dfrac{1}{49}$ で x は $-1 < x \leq 1$ の範囲に入っている．

$x = \dfrac{1}{49} (= 0.020408)$ を式 (3.4-1) の右辺に代入する．

$$s_1 = \dfrac{7}{5}(1) = \dfrac{7}{5} = 1.400000000$$

$$s_2 = \dfrac{7}{5}\left(1 + \dfrac{1}{2} \times \dfrac{1}{49}\right) = 1.41428547$$

$$s_3 = \dfrac{7}{5}\left(1 + \dfrac{1}{2} \times \dfrac{1}{49} - \dfrac{1}{8} \times \left(\dfrac{1}{49}\right)^2\right) = 1.414212827$$

$$s_4 = \dfrac{7}{5}\left(1 + \dfrac{1}{2} \times \dfrac{1}{49} - \dfrac{1}{8} \times \left(\dfrac{1}{49}\right)^2 + \dfrac{1}{16} \times \left(\dfrac{1}{49}\right)^3\right) = 1.414213571$$

s_2 で小数点第4位まで真値と同じになる．

② $\sqrt{2} = \sqrt{1.69 + 0.31} = \sqrt{1.69\left(1 + \dfrac{0.31}{1.69}\right)} = \sqrt{1.3^2\left(1 + \dfrac{31}{169}\right)} = \dfrac{13}{10}\sqrt{1 + \dfrac{31}{169}}$ と変形する

$x = \dfrac{31}{169} \ (= 0.183431)$ を式 (3.4-1) の右辺に代入する．

$$s_1 = \dfrac{13}{10}(1) = 1.30000000$$

$$s_2 = \frac{13}{10}\left(1 + \frac{1}{2} \times \frac{31}{169}\right) = 1.41923076$$

$$s_3 = \frac{13}{10}\left(1 + \frac{1}{2} \times \frac{31}{169} - \frac{1}{8} \times \left(\frac{31}{169}\right)^2\right) = 1.41376307$$

$$s_4 = \frac{13}{10}\left(1 + \frac{1}{2} \times \frac{31}{169} - \frac{1}{8} \times \left(\frac{31}{169}\right)^2 + \frac{1}{16} \times \left(\frac{31}{169}\right)^3\right) = 1.41426455$$

$$s_5 = \frac{13}{10}\left(1 + \frac{1}{2} \times \frac{31}{169} - \frac{1}{8} \times \left(\frac{31}{169}\right)^2 + \frac{1}{16} \times \left(\frac{31}{169}\right)^3 - \frac{5}{128}\left(\frac{31}{169}\right)^4\right)$$
$$= 1.41420705$$

s_4 で小数点第4位まで真値と同じになる．

③ $\sqrt{2} = \sqrt{1.44 + 0.56} = \sqrt{1.44\left(1 + \frac{0.56}{1.44}\right)} = \sqrt{1.2^2\left(1 + \frac{56}{144}\right)} =$
$\frac{6}{5}\sqrt{1 + \frac{7}{18}}$ と変形する

$x = \frac{7}{18}$ （$= 0.388888$）を式 (3.4-1) の右辺に代入する．

$$s_1 = \frac{6}{5}(1) = 1.20000000$$

$$s_2 = \frac{6}{5}\left(1 + \frac{1}{2} \times \frac{7}{18}\right) = 1.43333333$$

$$s_3 = \frac{6}{5}\left(1 + \frac{1}{2} \times \frac{7}{18} - \frac{1}{8} \times \left(\frac{7}{18}\right)^2\right) = 1.4106481$$

$$s_4 = \frac{6}{5}\left(1 + \frac{1}{2} \times \frac{7}{18} - \frac{1}{8} \times \left(\frac{7}{18}\right)^2 + \frac{1}{16} \times \left(\frac{7}{18}\right)^3\right) = 1.415059$$

$$s_5 = \frac{6}{5}\left(1 + \frac{1}{2} \times \frac{7}{18} - \frac{1}{8} \times \left(\frac{7}{18}\right)^2 + \frac{1}{16} \times \left(\frac{7}{18}\right)^3 - \frac{5}{128} \times \left(\frac{7}{18}\right)^4\right)$$
$$= 1.4139868$$

s_5 まで計算しても，小数点第4位までで真値と同じにならない．これらのことより，x の値が0に近いほど精度が良いことがわかる．

4.5 平方根の求め方

(ⅱ) 式 (3.4-2) を使った解法

④ $\sqrt{2} = \sqrt{2.25 - 0.25} = \sqrt{2.25\left(1 - \dfrac{0.25}{2.25}\right)} = \sqrt{1.5^2\left(1 - \dfrac{25}{225}\right)}$

$= \dfrac{3}{2}\sqrt{1 - \dfrac{1}{9}}$ と変形する

$x = \dfrac{1}{9}$ （$= 0.111111$）を式 (3.4-2) の右辺に代入する．

$$s_1 = \dfrac{3}{2}(1) = 1.50000000$$

$$s_2 = \dfrac{3}{2}\left(1 - \dfrac{1}{2} \times \dfrac{1}{9}\right) = 1.41666666$$

$$s_3 = \dfrac{3}{2}\left(1 - \dfrac{1}{2} \times \dfrac{1}{9} - \dfrac{1}{8} \times \left(\dfrac{1}{9}\right)^2\right) = 1.41437308$$

$$s_4 = \dfrac{3}{2}\left(1 - \dfrac{1}{2} \times \dfrac{1}{9} - \dfrac{1}{8} \times \left(\dfrac{1}{9}\right)^2 - \dfrac{1}{16} \times \left(\dfrac{1}{9}\right)^3\right) = 1.41424448$$

$$s_5 = \dfrac{3}{2}\left(1 - \dfrac{1}{2} \times \dfrac{1}{9} - \dfrac{1}{8} \times \left(\dfrac{1}{9}\right)^2 - \dfrac{1}{16} \times \left(\dfrac{1}{9}\right)^3 - \dfrac{5}{128} \times \left(\dfrac{1}{9}\right)^4\right)$$

$= 1.41423555$

s_4 で小数点第 4 位まで真値と同じになる．

(ⅲ) $\sqrt{2} = \sqrt{2.56 - 0.56} = \sqrt{2.56\left(1 - \dfrac{0.56}{2.56}\right)} = \sqrt{1.6^2\left(1 - \dfrac{7}{32}\right)}$

$= \dfrac{8}{5}\sqrt{1 - \dfrac{7}{32}}$ と変形する．

$x = \dfrac{7}{32}$ （$= 0.218750$）を式 (3.4-2) の右辺に代入する．

$$s_1 = \dfrac{8}{5}(1) = 1.60000000$$

$$s_2 = \dfrac{8}{5}\left(1 - \dfrac{1}{2} \times \dfrac{7}{32}\right) = 1.42500000$$

$$s_3 = \frac{8}{5}\left(1 - \frac{1}{2} \times \frac{7}{32} - \frac{1}{8} \times \left(\frac{7}{32}\right)^2\right) = 1.41542968$$

$$s_4 = \frac{8}{5}\left(1 - \frac{1}{2} \times \frac{7}{32} - \frac{1}{8} \times \left(\frac{7}{32}\right)^2 - \frac{1}{16} \times \left(\frac{7}{32}\right)^3\right) = 1.41438292$$

$$s_5 = \frac{8}{5}\left(1 - \frac{1}{2} \times \frac{7}{32} - \frac{1}{8} \times \left(\frac{7}{32}\right)^2 - \frac{1}{16} \times \left(\frac{7}{32}\right)^3 - \frac{5}{128} \times \left(\frac{7}{32}\right)^4\right)$$
$$= 1.41423981$$

s_5 で小数点第 4 位まで真値と同じになる．

これらから，$\sqrt{2}$ を級数から求める場合，式 (3.4-1) を使って，x の値を 0 に近い数値にして計算する方が収束が早く，精度が良いことがわかる．

問 4.3

近似値を求めよ．少数点以下 5 ケタまで．
① $\sqrt{3}$ ② $\sqrt{7}$ ③ $\sqrt{31}$

解　答

問 1.1

右辺第 11 項までの和

問 1.2

右辺第 9 項までの和

問 1.3

$P(x)=0$ すなわち，$x^4-5x^2+4=0$ を考える．
この式は，以下のように因数分解できる．
$$(1-x)(1+x)(2-x)(2+x)=0$$
それゆえ，この方程式の解は，$x=\pm 1, \pm 2$ となる．
この解を用いて，$P(x)$ は以下のように表すことができる．
$$P(x)=(1-x)(1+x)(2-x)(2+x)$$
上式を，$1^2 \times 2^2$ で割ると
$$\frac{P(x)}{1^2 \cdot 2^2}=\frac{(1-x)(1+x)(2-x)(2+x)}{1^2 \cdot 2^2}=\frac{(1-x)}{1}\cdot\frac{(1+x)}{1}\cdot\frac{(2-x)}{2}\cdot\frac{(2+x)}{2}$$
$$=\left(1-\frac{x}{1}\right)\left(1+\frac{x}{1}\right)\left(1-\frac{x}{2}\right)\left(1+\frac{x}{2}\right)$$
右辺の隣り合った 2 項を掛け合わせると
$$\frac{P(x)}{1^2 \cdot 2^2}=\left(1-\frac{x^2}{1^2}\right)\left(1-\frac{x^2}{2^2}\right)$$

ゆえに

$$P(x) = 1^2 \cdot 2^2 \left[\left(1 - \left(\frac{1}{1^2} + \frac{1}{2^2}\right)x^2 + \frac{1}{1^2 \cdot 2^2}x^4 \right)\right]$$

問1.4

		π の値
$k=0$	$\pi = 2 + 1 + \dfrac{1}{3}$	3.33333333
$k=1$	$\pi = \dfrac{10}{3} - \dfrac{1}{4}\left(\dfrac{2}{5} + \dfrac{2}{6} + \dfrac{1}{7}\right)$	3.11428571
$k=2$	$\pi = \dfrac{10}{3} - \dfrac{23}{105} + \dfrac{1}{16}\left(\dfrac{2}{9} + \dfrac{2}{10} + \dfrac{1}{11}\right)$	3.14635641
$k=3$	$\pi = \dfrac{10}{3} - \dfrac{23}{105} + \dfrac{508}{15840} - \dfrac{1}{64}\left(\dfrac{2}{13} + \dfrac{2}{14} + \dfrac{1}{15}\right)$	3.14067876

$k=3$ までの和で，小数点以下2ケタまで一致していることがわかる．

問1.5

96等分　$96\sqrt{2 - \sqrt{2 + \sqrt{2 + \sqrt{2 + \sqrt{3}}}}} = 3.141453792$

192等分　$192\sqrt{2 - \sqrt{2 + \sqrt{2 + \sqrt{2 + \sqrt{2 + \sqrt{3}}}}}} = 3.141562368$

問2.1

① $\dfrac{\pi}{3}$　　② $\dfrac{\pi}{2}$　　③ $\dfrac{3}{4}\pi$　　④ $\dfrac{3}{2}\pi$

⑤ $30°$　　⑥ $45°$　　⑦ $240°$　　⑧ $270°$

問2.2

① $\displaystyle\lim_{\delta x \to 0} \dfrac{\sin 3\delta x}{\delta x} = \lim_{\delta x \to 0} 3 \cdot \dfrac{\sin 3\delta x}{3\delta x} = 3 \cdot 1 = 3$

② $\displaystyle\lim_{\delta x\to 0}\frac{\sin\frac{\delta x}{2}}{\delta x}=\lim_{\delta x\to 0}\frac{\sin\frac{\delta x}{2}}{2\cdot\frac{\delta x}{2}}=\frac{1}{2}\cdot 1=\frac{1}{2}$

③ $\displaystyle\lim_{\delta x\to 0}\frac{1-\cos\delta x}{(\delta x)^2}=\lim_{\delta x\to 0}\frac{1-\cos\delta x}{(\delta x)^2}\cdot\frac{1+\cos\delta x}{1+\cos\delta x}$

$\displaystyle\qquad=\lim_{\delta x\to 0}\frac{(1-\cos\delta x)(1+\cos\delta x)}{(\delta x)^2}\cdot\frac{1}{1+\cos\delta x}$

$\displaystyle\qquad=\lim_{\delta x\to 0}\frac{1-\cos^2\delta x}{(\delta x)^2}\cdot\frac{1}{1+\cos\delta x}$

$\displaystyle\qquad=\lim_{\delta x\to 0}\frac{\sin^2\delta x}{(\delta x)^2}\cdot\frac{1}{1+\cos\delta x}$

$\displaystyle\qquad=\lim_{\delta x\to 0}\left(\frac{\sin\delta x}{\delta x}\right)^2\cdot\frac{1}{1+\cos\delta x}$

$\displaystyle\qquad\lim_{\delta x\to 0}1\cdot\frac{1}{1+\cos\delta x}=1\cdot\frac{1}{2}=\frac{1}{2}$

④ $\displaystyle\lim_{\delta x\to 0}\frac{\tan\delta x}{5\delta x}=\lim_{\delta x\to 0}\frac{1}{5\delta x}\cdot\frac{\sin\delta x}{\cos\delta x}=\lim_{\delta x\to 0}\frac{1}{5\cos\delta x}\cdot 1=\lim_{\delta x\to 0}\frac{1}{5\cos\delta x}$

$\displaystyle\qquad=\frac{1}{5}$

⑤ $\sin x=2\sin\frac{x}{2}\cos\frac{x}{2}$, $\cos x=1-2\sin^2\frac{x}{2}$ であるから

$\displaystyle\lim_{\delta x\to 0}\frac{1-\cos\delta x}{\delta x\cdot\sin\delta x}=\lim_{\delta x\to 0}\frac{1-\left(1-2\sin^2\frac{\delta x}{2}\right)}{\delta x\cdot 2\sin\frac{\delta x}{2}\cos\frac{\delta x}{2}}=\lim_{\delta x\to 0}\frac{\sin\frac{\delta x}{2}}{\delta x\cdot\cos\frac{\delta x}{2}}$

$\displaystyle\qquad=\lim_{\delta x\to 0}\frac{\sin\frac{\delta x}{2}}{2\cdot\frac{\delta x}{2}\cdot\cos\frac{\delta x}{2}}=\lim_{\delta x\to 0}\frac{1}{2\cos\frac{\delta x}{2}}\cdot\frac{\sin\frac{\delta x}{2}}{\frac{\delta x}{2}}=\frac{1}{2}$

問 2.3

① $f(x) = \log 3 + \log x$ と分けることができるから，$f'(x) = \dfrac{1}{x}$

② $f(x) = \log x - \log 2$ と分けることができるから，$f'(x) = \dfrac{1}{x}$

③ $f'(x) = 2 + \dfrac{1}{x}$

問 2.4

① $f(x) = \sqrt{x} = x^{\frac{1}{2}}$ 　　$f'(x) = \dfrac{1}{2} x^{\frac{1}{2}-1} = \dfrac{1}{2} x^{-\frac{1}{2}} = \dfrac{1}{2\sqrt{x}}$

② $f(x) = \dfrac{1}{\sqrt{x}} = x^{-\frac{1}{2}}$

$f'(x) = -\dfrac{1}{2} x^{-\frac{1}{2}-1} = -\dfrac{1}{2} x^{-\frac{3}{2}} = -\dfrac{1}{2x\sqrt{x}}$

③ $f(x) = \dfrac{1}{\sqrt[3]{x}} = x^{-\frac{1}{3}}$

$f'(x) = -\dfrac{1}{3} x^{-\frac{1}{3}-1} = -\dfrac{1}{3} x^{-\frac{4}{3}} = -\dfrac{1}{3x\sqrt[3]{x}}$

問 2.5

① $\displaystyle\lim_{\delta x \to 0} \dfrac{\log(1+3\delta x)}{\delta x} = \lim_{\delta x \to 0} \dfrac{3 \cdot \log(1+3\delta x)}{3\delta x} = 3 \cdot 1 = 3$

② $\displaystyle\lim_{\delta x \to 0} (1+\delta x)^{\frac{2}{\delta x}} = \lim_{\delta x \to 0} (1+\delta x)^{\frac{1}{\delta x}} \cdot (1+\delta x)^{\frac{1}{\delta x}} = e \cdot e = e^2$

③ $\displaystyle\lim_{\delta x \to 0} (1-(\delta x)^2)^{\frac{1}{\delta x}} = (1+\delta x)^{\frac{1}{\delta x}} \cdot (1-\delta x)^{\frac{1}{\delta x}} = e \cdot \lim_{\delta x \to 0} (1-\delta x)^{\frac{1}{\delta x}}$

$= e \cdot \displaystyle\lim_{\delta x \to 0} \dfrac{1}{(1-\delta x)^{-\frac{1}{\delta x}}} = e \cdot \dfrac{1}{e} = 1$

④ $\displaystyle\lim_{\delta x \to 0} \dfrac{e^{2\sin \delta x}-1}{\tan \delta x} = \lim_{\delta x \to 0} \dfrac{e^{2\sin \delta x}-1}{2\sin \delta x} \cdot \dfrac{2\sin \delta x}{\tan \delta x} = 1 \cdot 2 = 2$

⑤ $\lim_{\delta x \to 0} \dfrac{\log(1+3(\delta x)^2)}{1-\cos \delta x} = \lim_{\delta x \to 0} \dfrac{\log(1+3(\delta x)^2)}{3(\delta x)^2} \cdot \dfrac{3(\delta x)^2}{1-\cos \delta x}$

$\cdot \dfrac{1+\cos \delta x}{1+\cos \delta x} = 1 \cdot 3 \cdot 2 = 6$

問 2.6

① $y = 3x$ として，x と y を交換すると $x = 3y$　ゆえに　$y = \dfrac{1}{3}x$

② $y = \dfrac{x}{2} - 1$ として，x と y を交換すると $x = \dfrac{y}{2} - 1$　ゆえに $y = 2x + 2$

③ 同様にすると，$y = \dfrac{x+1}{2x-3}$

④ 同様にすると，$y = x^2 - 1$

問 2.7

「例 2.6」より，

$$\sin^{-1} x + \cos^{-1} x = \dfrac{\pi}{2}$$

上式の両辺を微分すると

$$(\sin^{-1} x)' + (\cos^{-1} x)' = 0$$

$(\sin^{-1} x)' = \dfrac{1}{\sqrt{1-x^2}}$ であったから，これを上式に代入すると

$$\dfrac{1}{\sqrt{1-x^2}} + (\cos^{-1} x)' = 0$$

ゆえに，

$$(\cos^{-1} x)' = -\dfrac{1}{\sqrt{1-x^2}}$$

問 2.8

① 6227020800　② 4320　③ 478961280　④ 357864

⑤ $\dfrac{15}{7}$　⑥ 103680　⑦ $\dfrac{15119}{5}$

問 2.9

① p. 43 (5) 式より
$$\frac{1}{1-x}=1+x+x^2+x^3+\cdots$$
上式を利用する．x に $(x-x^2)$ を代入して
$$\frac{1}{x^2-x+1}=\frac{1}{1-(x-x^2)}=1+(x-x^2)+(x-x^2)^2+(x-x^2)^3+\cdots$$
$$=1+(x-x^2)+(x^2-2x^3+x^4)+(x^3-3x^4+3x^5-x^6)+\cdots$$
$$=1+x-x^3-x^4+\cdots$$

② p. 64 公式 (2.5) より
$$\log(1+x)=x-\frac{1}{2}x^2+\frac{1}{3}x^3-\frac{1}{4}x^4+\cdots$$
上式を利用する．x に $(x+x^2)$ を代入して
$$\log(1+(x+x^2))=(x+x^2)-\frac{1}{2}(x+x^2)^2+\frac{1}{3}(x+x^2)^3-\frac{1}{4}(x+x^2)^4+\cdots$$
$$=x+x^2-\frac{1}{2}(x^2+2x^3+x^4)+\frac{1}{3}(x^3+3x^4+3x^5+x^6)$$
$$-\frac{1}{4}(x^4+4x^5+6x^6+4x^7+x^8)+\cdots$$
$$=x+\frac{1}{2}x^2-\frac{2}{3}x^3+\frac{1}{4}x^4+\frac{1}{5}x^5+\cdots$$

③ 公式 (2.2) より
$$\sin x=x-\frac{1}{3!}x^3+\frac{1}{5!}x^5-\frac{1}{7!}x^7+\cdots$$
上式の x に $2x$ を代入すると

$$\sin 2x = (2x) - \frac{1}{3!}(2x)^3 + \frac{1}{5!}(2x)^5 - \frac{1}{7!}(2x)^7 + \cdots$$
$$= 2x - \frac{2^3}{3!}x^3 + \frac{2^5}{5!}x^5 - \frac{2^7}{7!}x^7 + \cdots$$

両辺に x を乗ずれば

$$x \sin 2x = 2x^2 - \frac{2^3}{3!}x^4 + \frac{2^5}{5!}x^6 - \frac{2^7}{7!}x^8 + \cdots$$
$$= 2x^2 - \frac{4}{3}x^4 + \frac{4}{15}x^6 - \frac{8}{315}x^8 + \cdots$$

④　公式 (2.2) より

$$\sin x = x - \frac{1}{3!}x^3 + \frac{1}{5!}x^5 - \frac{1}{7!}x^7 + \cdots$$

上式の x に x^2 を代入して

$$\sin x^2 = x^2 - \frac{1}{3!}(x^2)^3 + \frac{1}{5!}(x^2)^5 - \frac{1}{7!}(x^2)^7 + \cdots$$
$$= x^2 - \frac{1}{6}x^6 + \frac{1}{120}x^{10} - \frac{1}{5040}x^{14} + \cdots$$

⑤　p. 62 公式 (2.4) を利用する.

$$e^x = 1 + x + \frac{1}{2!}x^2 + \frac{1}{3!}x^3 + \cdots$$

x に $(2x)$ を代入して

$$e^{2x} = 1 + (2x) + \frac{1}{2!}(2x)^2 + \frac{1}{3!}(2x)^3 + \cdots$$
$$= 1 + 2x + 2x^2 + \frac{4}{3}x^3 + \cdots$$

上式に x を乗じて

$$xe^{2x} = x + 2x^2 + 2x^3 + \frac{4}{3}x^4 + \cdots$$

⑥　$\log \frac{1+x}{1-x} = \log(1+x) - \log(1-x)$ であるから

$$\log(1+x) = x - \frac{1}{2}x^2 + \frac{1}{3}x^3 - \frac{1}{4}x^4 + \cdots$$

$$\log(1-x) = -x - \frac{1}{2}x^2 - \frac{1}{3}x^3 - \frac{1}{4}x^4 - \cdots$$

$$\log(1+x) - \log(1-x) = 2\left(x + \frac{1}{3}x^3 + \frac{1}{5}x^5 + \cdots\right)$$

問 3.1

① $\int x^2 dx = \dfrac{1}{2+1}x^{2+1} = \dfrac{1}{3}x^3 + C$

② $\int \dfrac{1}{x^2}dx = \int x^{-2}dx = \dfrac{1}{-2+1}x^{-2+1} = -x^{-1} = -\dfrac{1}{x} + C$

③ $\int x\sqrt{x}\,dx = \int x^{\frac{3}{2}}dx = \dfrac{1}{\frac{3}{2}+1}x^{\frac{3}{2}+1} = \dfrac{2}{5}x^{\frac{5}{2}} = \dfrac{2}{5}x^2\sqrt{x} + C$

④ $\int \dfrac{2}{x}dx = 2\int \dfrac{1}{x}dx = 2\log|x| + C$

問 3.2

① $\int -2\sin x\,dx = 2\cos x + C$

② $\int \dfrac{1-\cos^3 x}{\cos^2 x}dx = \int\left(\dfrac{1}{\cos^2 x} - \cos x\right)dx = \tan x - \sin x + C$

③ $\int (2\sin x - 3\cos x)dx = -2\cos x - 3\sin x + C$

④ $\int \left(\dfrac{1}{3}e^x - 2\right)dx = \dfrac{1}{3}e^x - 2x + C$

問 3.3

① $\int \dfrac{1}{\sqrt{4-4x^2}}dx = \dfrac{1}{2}\int \dfrac{1}{\sqrt{1-x^2}}dx = \dfrac{1}{2}\sin^{-1}x + C$

② $\int \dfrac{2}{1+x^2}dx = 2\int \dfrac{1}{1+x^2}dx = 2\tan^{-1}x + C$

解 答

問 4.1
① 39　　② 804　　③ 130

問 4.2
① 9.5　　② 46.2　　③ 7.86

問 4.3
① 1.73205　　② 2.64575　　③ 5.56776

付　　録

本書で円周率 π の値を求めるために使用した公式を示す．

1.1

$$\sin^{-1} x = x + \frac{1}{6}x^3 + \frac{3}{40}x^5 + \frac{5}{112}x^7 + \frac{35}{1152}x^9 + \frac{63}{2816}x^{11} + \frac{231}{13312}x^{13} + \cdots$$

$$\tan^{-1} x = x - \frac{1}{3}x^3 + \frac{1}{5}x^5 - \frac{1}{7}x^7 + \frac{1}{9}x^9 - \frac{1}{11}x^{11} + \frac{1}{13}x^{13} - \cdots$$

マチンの公式

$$\frac{\pi}{4} = 4\tan^{-1}\frac{1}{5} - \tan^{-1}\frac{1}{239}$$

オイラーの公式

$$\frac{\pi}{4} = 5\tan^{-1}\frac{1}{7} + 2\tan^{-1}\frac{3}{79}$$

オイラーの公式

$$\frac{\pi}{4} = \tan^{-1}\frac{1}{3} + \tan^{-1}\frac{1}{2}$$

シュテルマーの公式

$$\frac{\pi}{4} = 6\tan^{-1}\frac{1}{8} + 2\tan^{-1}\frac{1}{57} + \tan^{-1}\frac{1}{239}$$

ツェータ関数

$$\xi(n) = \sum_{k=1}^{\infty} \frac{1}{k^n}$$

（ⅰ）$n=2$ の場合（バーゼル問題）

$$\frac{\pi^2}{6} = \frac{1}{1^2} + \frac{1}{2^2} + \frac{1}{3^2} + \frac{1}{4^2} + \frac{1}{5^2} + \cdots$$

（ⅱ）$n=4$ の場合

$$\frac{\pi^4}{90} = \frac{1}{1^4} + \frac{1}{2^4} + \frac{1}{3^4} + \frac{1}{4^4} + \frac{1}{5^4} + \cdots$$

BBP の公式

$$\pi = \sum_{k=0}^{\infty} \frac{1}{16^k} \left(\frac{4}{8k+1} - \frac{2}{8k+4} - \frac{1}{8k+5} - \frac{1}{8k+6} \right)$$

Adamchik と Wagon の公式

$$\pi = \sum_{k=0}^{\infty} \frac{(-1)^k}{4^k} \left(\frac{2}{4k+1} + \frac{2}{4k+2} + \frac{1}{4k+3} \right)$$

1.2

三角関数から π を求める方法

$$\pi = \lim_{\theta \to 0} \frac{\pi}{\theta} \cdot 2\sin\frac{\theta}{2} = \pi \lim_{\theta \to 0} \frac{\sin\frac{\theta}{2}}{\frac{\theta}{2}}$$

アルキメデスの方法

$$3\frac{10}{71} < \pi < 3\frac{1}{7}$$

ビュフォンの針

$$\pi = \frac{2a}{pl}$$

l：平行線の間隔　　a：針の長さ　　p：針が平行線と交わる確率

ギリシャ文字の呼称

文字			
大文字	小文字		名称
A	α	alpha	アルファ
B	β	beta	ベータ
$\varGamma$	γ	gamma	ガンマ
$\varDelta$	δ	delta	デルタ
E	ε	epsilon	イプシロン
Z	ζ	zeta	ツェータ
H	η	eta	イータ
$\varTheta$	θ, ϑ	theta	シータ
I	ι	iota	イオタ
K	κ	kappa	カッパ
$\varLambda$	λ	lambda	ラムダ
M	μ	mu	ミュー
N	ν	nu	ニュー
$\varXi$	ξ	xi	クシー
O	o	omicron	オミクロン
$\varPi$	π	pi	パイ
P	ρ	rho	ロー
$\varSigma$	σ, ς	sigma	シグマ
T	τ	tau	タウ
Y	υ	upsilon	ウプシロン
$\varPhi$	φ, ϕ	phi	ファイ
X	χ	chi	カイ
$\varPsi$	ψ	psi	プシー
$\varOmega$	ω	omega	オメガ

索　引

【英字】
Adamchik と Wagon　24
BBP の公式　21
Dase の公式　16
Gauss の公式　16
Hutton の公式　16
Klingenstierna の公式　16
n の階乗 $n!$　58
rad　46
radian　46
Rutherford の公式　16
Vega の公式　16

【あ】
アルキメデスの方法　31
一般項　39
オイラーの公式　14, 63

【か】
開平法　78
逆関数　54
級数　41
極限値　40
原始関数　67
項　39
公比　42
弧度法　45

【さ】
収束する　40, 41
シュテルマーの公式　15
初項　39

振動　43
数列　39

【た】
高野喜久雄の公式　16
ツェータ関数　17
導関数　44
等比数列　42
度数法　45

【な】
ネピアの数 e　50

【は】
バーゼル問題　17
はさみうちの原理　48
発散する　42
ビュフォンの針　35
不定積分　67
部分和　41
べき級数　43

【ま】
マクローリン展開　59
マチンの公式　11
無限級数　41
無限数列　39
無限等比級数　43

【ら】
ラジアン　46

著者紹介

木田 外明（きだ そとあき）
略　歴　1949 年　石川県生まれ
　　　　1975 年　金沢大学大学院工学研究科修士課程修了
　　　　1983 年　東京工業大学より工学博士授与
　　　　現　在　金沢工業大学数理工教育研究センター　教授
専門分野　計算数学，材料力学
主な著書　『計算数学入門』（幻冬舎ルネッサンス）
　　　　　『わかりやすい材料力学の基礎』（共立出版）
　　　　　『材料力学（基礎編）』（森北出版）
　　　　　『材料力学（応用編）』（森北出版）

πの計算	著　者	木田 外明　Ⓒ 2013
Calculation of π	発行者	南條 光章
	発行所	共立出版株式会社
		東京都文京区小日向 4-6-19
		電話　03-3947-2511（代表）
		郵便番号 112-0006／振替口座 00110-2-57035
		URL http://www.kyoritsu-pub.co.jp/
2013 年 11 月 25 日　初版 1 刷発行		
2015 年 3 月 1 日　初版 2 刷発行	印　刷	星野精版印刷
	製　本	ブロケード

一般社団法人
自然科学書協会
会員

検印廃止
NDC 414.12
ISBN 978-4-320-11057-1

Printed in Japan

JCOPY ＜㈳出版者著作権管理機構委託出版物＞
本書の無断複写は著作権法上での例外を除き禁じられています．複写される場合は，そのつど事前に，㈳出版者著作権管理機構（電話 03-3513-6969，FAX 03-3513-6979，e-mail: info@jcopy.or.jp）の許諾を得てください．